偉J老師的
螳螂
生物課

從體色、擬態、食性、交配到生理機制，
10個問題揭開鐮刀獵手的神祕面紗

林偉爵

著

目錄

第一問　什麼是螳螂？

第二問　螳螂會變色嗎？

第十問　螳螂像蟑螂？

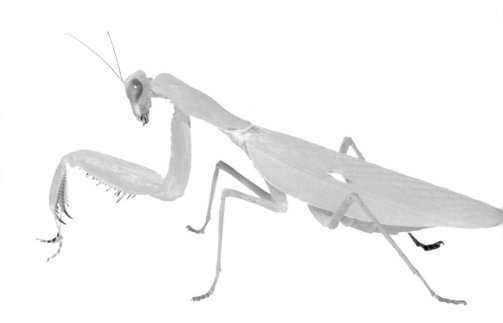

神祕又迷人的昆蟲

　　螳螂是許多人從小就很好奇又喜愛的昆蟲，牠在昆蟲界中具有獨一無二的形象，在草叢中高舉著鐮刀狀的前腳俾倪四周特立獨行，時而像虔誠禱告的預言家，時而又是強悍敏捷的殺手。螳螂集這些形象於一身，自古以來就是文學、藝術甚至宗教上常被提到的昆蟲類群。而這類帶點神祕色彩又令人好奇的昆蟲，在我們昆蟲學研究中也是相當熱門的主題。關於螳螂的分類學、生理學、生態學及行為學等領域，近年來也陸陸續續被科學家解密，讓我們逐步一窺牠們神祕面紗下的真實樣貌。隨著自然教育的發展，螳螂已然是許多學童及老師們喜歡採用的昆蟲教材之一，在觀察與飼養中學習昆蟲、師法自然。

　　本書作者林偉爵先生在大學期間就已投入螳螂相關研究，是當時臺灣少數專研螳螂的學者之一，畢業之後更投入昆蟲教育領域不遺餘力，幾年來也累積了許多經驗與心得。由於他原本就以螳螂為題材從事科學研究，由他來主筆再恰當不過。本書從昆蟲學基礎出發，介紹了螳螂的體色、擬態、食性、交配到生理的機制與鐵線蟲的寄生等主題，用淺顯易懂的文字介紹螳螂的生物學知識，也解答了大眾的許多疑惑。我除了推崇偉爵在臺灣昆蟲教育上的用心之外，同時感佩他願意花時間整理並出版科普專書。這是一本適合大小朋友閱讀的螳螂入門書，也是目前國內第一本涵蓋螳螂生物學各個面向的專書，非常值得收藏與細讀。在這裡推薦給大家。

國立臺灣大學昆蟲學系教授

蕭旭峰

你有沒有看過跟手臂一樣長的螳螂？

民國 91 年的嘉義，是我與螳螂緣分的起點。當時隨父親到嘉義洽公，在一個社區的紅磚地上發現了一隻螳螂，我湊過去想仔細觀察，不料牠突然挺起身板，揚起翅膀，同時高舉雙手，齜牙咧嘴，突如其來的大動作讓三年級的我嚇了一大跳，震撼之強烈仍記憶猶新。當時我瞪大了雙眼，在離螳螂約一步之遙蹲下，試圖以我的身體去丈量這隻螳螂的體長，沒想到牠竟然和我的手臂一樣長！那種威風凜凜、碩大無朋的感覺從此深深烙在我的腦海中。根據母親的回憶，那隻螳螂確實也是她見過數一數二大的。年紀漸長後，再也找不到能媲美當年嘉義那隻巨大、充滿震懾力的螳螂。

或許是這股初見的驚豔，將我和螳螂繫上了不解之緣。

但在民國 90、100 的年代，我完全接觸不到任何螳螂相關的中文書籍，也不像現在有各式各樣的私人單位開設相關課程，這份求知與好奇心便隨著國高中繁重的課業壓力埋藏心底直到大學。而我自大學開始鑽研螳螂後，這類生物的神奇令我折服無數次，箭螳的身形佝僂、蘭花螳的貌美如花、金屬螳的珠光寶氣、斧螳的兇殘、姬螳的膽小。十多年的追尋，牠們不間斷地點亮我眼中光芒。

而現在，我希望這道初見驚奇之光也能閃爍在各位讀者的眼中。

拜現代科技所賜，我盡可能地留下這些美麗生物的身姿，期望能以圖文並茂的方式帶領各個年齡層的讀者一窺螳螂的世界。我想要寫出一本希望童年的自己就能讀到的書！

僅以本書獻給所有螳螂、昆蟲、生物的愛好者，希望大家喜歡。

第 1 問

什麼是螳螂？

我在 2013 年，莫約大二升大三的年紀開始接觸昆蟲教學活動，在就讀大學與研究所期間，也一直將昆蟲教學活動，視為研究工作以外最重要的支線任務。而從 2018 年正式踏上昆蟲教學之旅至今，已經累計上百小時的螳螂教學時數，聽眾從三歲到六、七十歲都有。面對如此多樣化的年齡層，為了決定演講內容的難易度，在課程開始前，我總喜歡測一下學生們的先備知識，詢問大家：「螳螂是什麼？」大多數的聽眾都有辦法回答：螳螂是一種昆蟲、螳螂有鐮刀、螳螂是吃肉的。通常我會緊接著問：「那什麼是昆蟲？」

　　國小課本告訴我們，昆蟲的定義至少有兩項：一、有六隻腳；二、身體分成三大節，分別是頭、胸、腹。現在就來考考大家，仔細觀察這幾張圖片，哪些是昆蟲呢？

其中 1、2、5、6 是昆蟲。

答案：1 蛆 2 麗蠅 3 十字星步行蟲 4 八目鰻幼蟲 5 蹄紋蛛蟹 6 毛毛蟲

昆蟲一定是六隻腳嗎？

　　蝴蝶有六隻腳，是昆蟲，那毛毛蟲有幾隻腳？牠有符合你所知道的「昆蟲」定義嗎？如果不是的話，會造成一個有趣的現象：小時候的毛毛蟲看起來腳很多隻，應該不是昆蟲[註1]，但長大變成蝴蝶，就是昆蟲了！這聽起來非常不合邏輯，如果照這樣推理，小朋友們都不是人，長大成年才會變成人！這個定義很明顯有哪裡怪怪的。

　　其實，有些昆蟲的身體會有比較特殊的構造，使我們無法輕易分辨六隻腳的特徵。例如蒼蠅、蝴蝶都屬「完全變態」的昆蟲，成長過程中都會經過蛹期，且通常小時候和長大後有著天差地別的外觀，就像完全沒有腳的蛆長大會變成蒼蠅、看起來長了 16 隻腳的毛毛蟲長大會變成蝴蝶。因此單憑六隻腳的判斷標準，沒辦法準確辨識所有昆蟲，特別是完全變態昆蟲的小時候——也就是幼蟲階段。

　　怎麼會這樣？難道國小老師告訴我們的判斷標準都是錯的嗎？其實這些標準，都是科學家在歸納千變萬化的大自然後，所得出的簡易判斷通則，但大自然處處充滿著例外，通則並不總是派得上用場。不過好消息是，只要長大後，也就是成蟲階段，六隻腳的判斷標準在 99.99% 的情況下都是可行的[註2]。

1

註 1　毛毛蟲身體後半段的腳，與身體前段的腳其實完全不同的構造，後半段的腳叫做「原足」，原足沒有分節，而且長滿了細小的原足鉤，就像是小吸盤；而前半的腳是普通的步足，總共有三對，步足有分節，只有末端有攀爬用的爪子。因此實際上只有步足才算是真正的「腳」，總共六隻，符合昆蟲六隻腳的定義。

註 2　那個 0.01% 可能會出錯的機會，就是捻翅蟲的雌成蟲。捻翅蟲的雌成蟲會寄生在其他昆蟲身體裡，六隻腳會在成長過程中消失，成蟲後完全沒有腳，只露出一顆頭在外面。

完全變態

| 卵 | 幼蟲 | 蛹 | 成蟲 |

| 卵 | 若蟲 | | 成蟲 |

不完全變態

1　尖嘴尺蛾的毛毛蟲側面足部特寫。
　　（林翰羽 攝）
2　遷粉蝶的卵。（林信宗 攝）
3　遷粉蝶的幼蟲。
4　遷粉蝶的蛹。（林信宗 攝）
5　遷粉蝶。
6　麗蠅卵（郭允 攝）。

7　蛆（麗蠅幼蟲）。
8　麗蠅蛹。
9　麗蠅。
10　蘭花螳螵蛸。
11　蘭花螳若蟲。
12　蘭花螳成蟲。

最常被搞錯的頭胸腹

　　除了六隻腳，另一個常用來判斷昆蟲的依據，是身體分成頭、胸、腹三節。接下來請看看，這些昆蟲的頭胸腹該怎麼劃分呢？

臺灣扁鍬形蟲背面觀。

菱背枯葉螳背面觀。

頭部

胸部

腹部

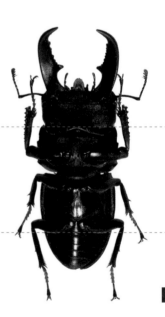

1

2

3

4

1　菱背枯葉螳背面觀。
2　菱背枯葉螳腹面觀。

3　臺灣扁鍬形蟲背面觀。
4　臺灣扁鍬形蟲腹面觀。

從背面看，不管是鍬形蟲還是螳螂，身體都很清楚地分成三個區塊，答案那麼明顯，分辨頭胸腹哪有什麼難的？如果你也這麼想的話，那你很有可能也中了陷阱啦！但我保證你絕對不孤單，坊間有許多的昆蟲科普書籍也犯了一樣的錯。

這題的關鍵在「胸部」。昆蟲的胸部可以說是運動中樞，追趕跑跳的腳和扶搖直上的翅膀都長在胸部。反過來說，腳長出來的地方，一定不會是腹部，而是胸部。昆蟲的胸部也同樣分成三節，從頭到尾分別是前胸、中胸、後胸。前足（或稱前腳也可以）長在前胸，中足長在中胸，後足長在後胸。因此，鍬形蟲的腹部應該是後足長出來的地方再更後面才對。從背面不容易看出腳實際上生長的位置，我們把牠們翻過來，從腹面這一側看就可以一目瞭然。同樣的道理，螳螂完整的胸部，除了看起來特別長的前胸，還要加上中胸和後胸。兩者的共通點在於：這兩隻昆蟲的翅膀都可以完整蓋掉中胸、後胸和腹部，導致在視覺上很明顯地分成三節，但其實不是實際上的頭胸腹。如果能弄清楚其中的差異，恭喜你已經比九成以上的人還要更了解昆蟲啦！

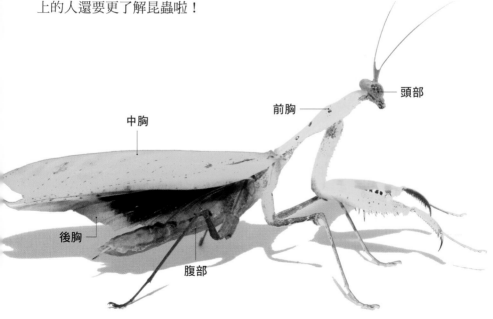

頭部

前胸

中胸

後胸

腹部

什麼是螳螂？

知道了何謂昆蟲之後，緊接著進入我們的主題：什麼是螳螂？在開始之前，我一樣先出幾題考考大家，每題包含幾張昆蟲的照片，猜猜誰才是螳螂？

第一題的圖片：

1 2

答案：1 螳螂一般都有翅 2 收棘長棘頭。

18

第一題答案為：都是！這個明明長得像螞蟻，怎麼會是螳螂呢？其實有部分種類螳螂的一齡若蟲，看起來非常像螞蟻，但在成長過程中會逐漸轉變為綠色，綠色和棕色，也是大多數螳螂身體上最主要的顏色。

　　有別於蝴蝶這類的完全變態昆蟲，螳螂屬於「不完全變態」，意思是螳螂在成長過程中，並不會經過「蛹」的階段。和其他昆蟲一樣，螳螂在長大的過程中需要經過多次蛻皮，其次數從四次到九次不等，少如齒螳的雄蟲（四次），多如寬腹斧螳的雌蟲（九次）。每蛻一次皮，我們稱之為長大了一個齡期。根據我的飼養經驗，平均而言，大多數種類需要經過七到八次蛻皮才會成蟲。

幽靈螳一生蛻下的皮。

不同種類的蛻皮次數會有差異，即使是相同種類，雌蟲通常會比雄蟲多蛻一次皮才會成蟲。經過一次次蛻皮後，除了體型逐漸變大，體色通常也會改變，在經過最後一次蛻皮，也就是成蟲以後，大多數螳螂會長出翅膀，長度因種類而異。

　　那長得像螞蟻的螳螂和真的螞蟻差在哪裡呢？我們可以由螳螂的重要特徵「捕捉足」來判斷。螳螂的前足長得和中、後足很不一樣，稱為「捕捉足」。所有螳螂都是肉食性昆蟲，主要以其他小型的節肢動物為食，而捕捉足就是獵食工具，足部內側通常會有非常多堅硬的刺，可以幫助螳螂封鎖獵物的行動。螞蟻顯然不具備捕捉足，牠們主要依靠大顎來箝制獵物，因此本題答案是：以上皆是螳螂。

齒螳二齡若蟲。

齒螳成蟲。

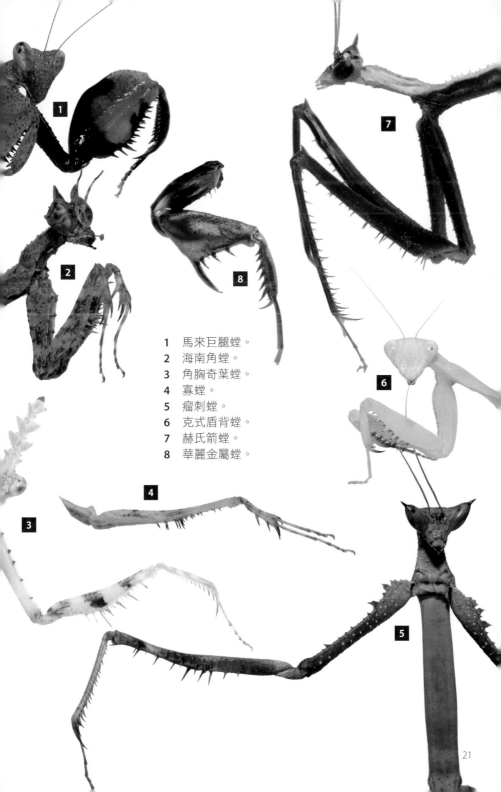

1　馬來巨腿螳。
2　海南角螳。
3　角胸奇葉螳。
4　寡螳。
5　瘤刺螳。
6　克式盾背螳。
7　赫氏箭螳。
8　華麗金屬螳。

第二題：

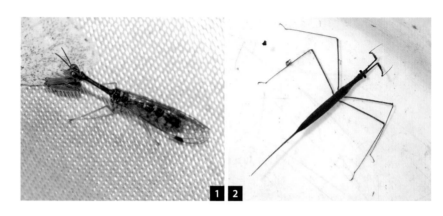

1 2

第二題答案為：都不是！這兩個傢伙明明都有捕捉足啊，為什麼不是螳螂呢？且聽我娓娓道來。雖然所有螳螂都具有捕捉足，但捕捉足並不是螳螂的專利！在其他類群的昆蟲身上，也可以發現捕捉足的蹤影，例如看起來像是螳螂和胡蜂合體的「螳蛉」、住在水裡的椿象「水螳螂」、裝了鐮刀的蒼蠅「螳水蠅」等等。這些昆蟲有兩個共通點：第一，前足都特化成捕捉足，可以用來捕捉獵物；第二，雖然牠們的名字裡都有一個「螳」字，卻都不是螳螂，就像鯨魚的名字裡雖然有魚但不是魚。只能說，名字中有螳字的昆蟲，絕對都是肉食性。

1 臺灣簡脈螳蛉。
2 斑節水螳螂。
   （劉興哲 攝）
3 螳蛉的前足也
   特化成捕捉足。
4 自帶鐮刀的
   螳水蠅。
   （廖啟淳 攝）
5 斑節水螳螂。
   （劉興哲 攝）

3

既然牠們都有捕捉足，那螳螂跟這些昆蟲有何不同呢？先從螳水蠅開始。螳水蠅是一種肉食性蒼蠅，而蒼蠅屬於雙翅類[註3]昆蟲。牠們是一群裝著螳螂捕捉足的蒼蠅，在這三類昆蟲中與螳螂最不像。牠們只有二片翅膀，螳螂有四片。此外，螳水蠅在進食時會用嘴巴刺入獵物體內吸食體液，屬於刺吸式口器，螳螂則是用嘴巴切碎獵物後吞下，屬於咀嚼式口器；水螳螂是一種肉食性的水生椿象，屬於半翅類[註4]昆蟲，牠的腹部末端有著尾毛特化而成的呼吸管，讓牠們位於水下時依然可以呼吸。所有椿象的嘴巴都是刺吸式口器，而作為椿象的一員，水螳螂也不例外。最明顯的差異莫過於頭部，水螳螂的觸角極度短小且不明顯，但是螳螂的觸角多為長長的絲狀觸角，跟蟑螂的觸角有幾分相似。

4

5

註3　雙翅類包含俗稱蚊子、大蚊、蠅、蠓、蚋等昆蟲。
註4　半翅類包含俗稱椿象、蟬、蚜蟲等昆蟲。

最後，螳蛉屬於脈翅類^{註5}昆蟲。牠應該是這三類昆蟲中長得最像螳螂的，也具備咀嚼式口器。但螳螂的捕捉足收起來時，開闔的方向是向下，有些螳蛉的開闔方向則是向上。螳蛉的翅膀大多是完全透明，休息時會以屋脊似的倒 V 字形收攏於腹部之上。但螳螂的翅膀，特別是前翅——也就是第一對翅膀大多有顏色，休息時翅膀會交互堆疊於腹部上方。

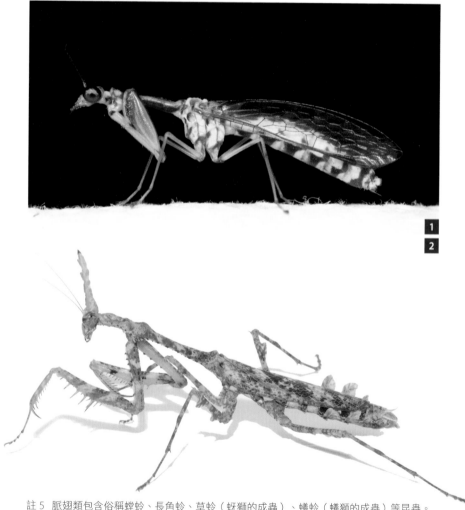

1

2

註5 脈翅類包含俗稱螳蛉、長角蛉、草蛉（蚜獅的成蟲）、蟻蛉（蟻獅的成蟲）等昆蟲。

另外，螳蛉的觸角是念珠狀一顆一顆的，而螳螂多為絲狀觸角。牠們之間最大的差異是生活史，螳螂是不完全變態的昆蟲，但螳蛉屬於完全變態，小時候多住在蜘蛛的卵囊中，以取食蜘蛛的卵維生，長大後會經過化蛹才能成蟲，牠們的蛹甚至還能走路呢！

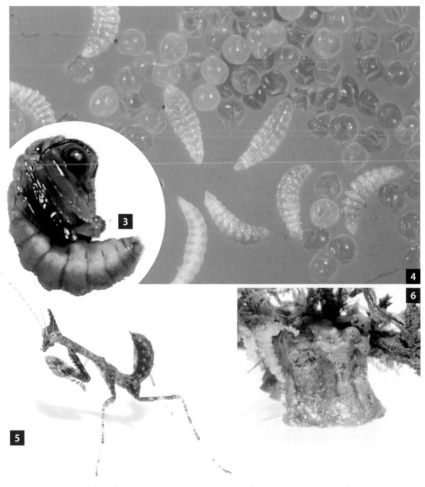

1　臺灣簡脈螳蛉的成蟲。
　　（賴保成 攝）
2　角胸奇葉螳的翅膀交互堆疊於腹部
　　之上。
3　臺灣簡脈螳蛉的蛹。（賴保成 攝）
4　臺灣簡脈螳蛉的幼蟲與卵。
　　（賴保成 攝）
5　角胸奇葉螳一齡若蟲。
6　角胸奇葉螳的卵。

看完這些例子，想必大家都已明白捕捉足和螳螂的關係。如果你覺得有點眼花撩亂，沒關係，我幫大家整理了一個不敗公式：

螳螂一定有刀，有刀 maybe 螳螂。

這裡的「刀」就是捕捉足，只要掌握這個鐵則，就不會輕易陷入捕捉足的迷思中！話雖這麼說，真正在野外看到帶刀的昆蟲時，有沒有能讓我們快速判斷是不是螳螂的特徵啊？還真的有！所有螳螂前胸的背面，也就是「前胸背板」，正中間的軸上都會有一條凹陷的橫溝，叫做「基節上溝」。這條溝將前胸背板分成兩個區域，分別是溝前區和溝後區，而這條橫溝是螳螂專屬特徵之一，在其他昆蟲身上是看不到的。

基節上溝

1

1　前胸的這道溝將前胸分成溝前區和溝後區。
2　昆蟲的腳分成五大分節。
3　電子顯微鏡下的洗臉毛。

除了基節上溝，還有一種專屬特徵在大型螳螂身上比較明顯可見，它位於前足的「腿節」註6上，叫做「洗臉毛」。在顯微鏡底下，洗臉毛看起來就像無數的小刮刀，螳螂每次吃飽後都會用洗臉毛清潔頭部，把沾黏在臉上的食物殘渣刮起來，再放到嘴巴吃掉。畢竟不可能用捕捉足上尖銳的刺來擦嘴巴吧！除了飯後，當牠們的眼睛沾到髒東西遮蔽視線時，也會用洗臉毛梳理臉上的髒汙，保持複眼的清潔。其他擁有捕捉足的昆蟲，牠們的前足上都沒有洗臉毛。

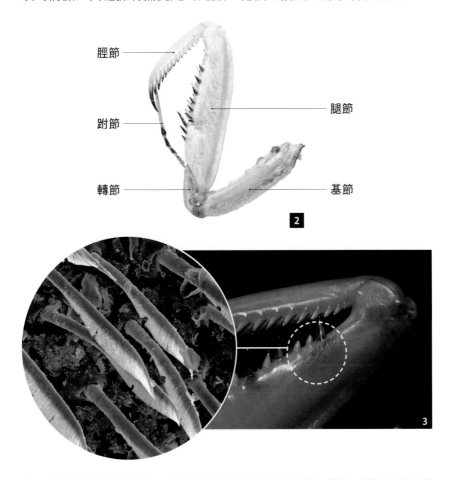

註6　昆蟲的腳分成五大分節，從身體近端到遠端分別是：基節、轉節、腿節、脛節、跗節。

如何區分性別？

　　螳螂的雌雄蟲分化相當明顯，第一種、也是最簡便的區分方式就是體型。絕大多數螳螂的雌蟲都比較大隻，有些種類的體型差異相當大，例如蘭花螳，差異之大會讓人誤以為是兩種完全不同的螳螂！第二種分辨方式是翅膀。大多數螳螂的雄蟲都具有完整且長的翅膀，且通常會比雌蟲的長，有的長到會完全遮住腹部，有的則是只遮住一小部分腹部。有些種類雌蟲的翅膀就非常短，甚至沒有翅膀。那些雌雄蟲都有翅膀的種類，通常雌蟲的翅膀會比較寬而圓，雄蟲的翅膀會比較細而尖。

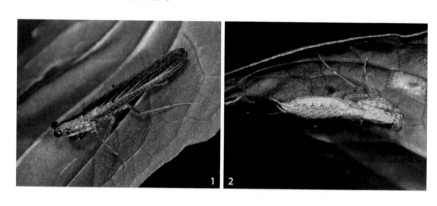

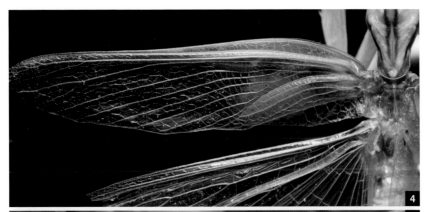

1 名和異跳螳雄蟲有完整的翅膀。
2 名和異跳螳雌蟲的翅膀非常短。
3 豹螳雌成蟲的翅膀非常短。

4 蘭花螳雄蟲的前翅前緣細長狹窄。
5 蘭花螳螂的雌（下）、雄蟲（上）。
6 蘭花螳雌蟲的前翅前緣較寬。

第三種是觸角，雄蟲的觸角通常較粗較長，長度甚至會接近體長的一半；雌蟲的觸角通常較細較短，有些種類雌蟲的觸角比頭還要短，短者甚至僅和自身頭部的寬度相仿。有些種類的雄蟲觸角會特化成羽狀，如大魔花螳和小魔花螳。第四種、也是最穩定的辨別方式是看腹部末端的外生殖器構造。雄蟲腹部的最後一節成平板狀，板狀物的兩側會有兩根尾毛（cerci），末緣通常會有兩根刺突（styli）；雌蟲腹部的最後一節則成圓錐狀，末端像被瓣狀物包覆。以上這四種方法都適用於成蟲的性別辨識，但只有第三和第四種可以用於若蟲期的性別判斷，其中又以第四種最為容易辨識。三齡以前的若蟲則非常難以辨識性別。

　　我為大家總結一下螳螂的快速鑑別特徵，在野外遇到一隻疑似螳螂的昆蟲時，可以照著以下流程判斷是否為螳螂：第一步，是否擁有「捕捉足」；第二步，前胸背板上有無「基節上溝」。要是符合這兩個特徵，接著再判斷雌雄。首先看牠有沒有翅膀，如果有翅膀就是成蟲，可以適用前文提到的四種特徵診斷：體型、翅膀、觸角和外生殖器構造。沒有翅膀的話就是若蟲，通常只能觀察腹部最後一節的外生殖器來辨識。熟知以上技巧後，相信大家在辨識螳螂上都能夠無往不利！

1　**2**

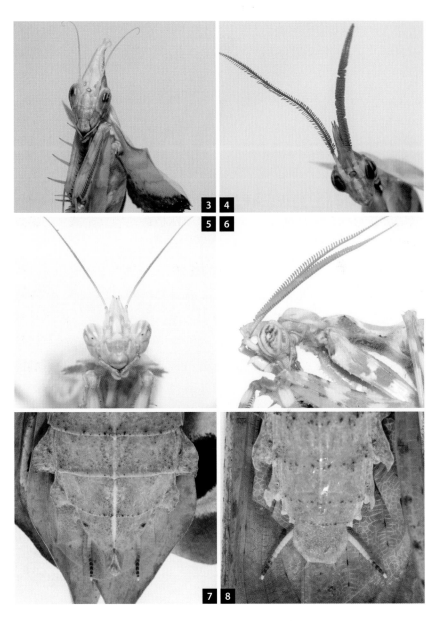

1 觸角超長的非洲芽翅螳雄蟲。
2 觸角超短的大穆氏螳雌蟲。
3 大魔花螳雌蟲的觸角細而短。
4 大魔花螳雄蟲的觸角粗且成羽狀。
5 小魔花螳雌蟲的觸角細而短。
6 小魔花螳雄蟲的觸角粗且成羽狀。
7 勾背枯葉螳雌蟲的外生殖器。
8 勾背枯葉螳雄蟲的外生殖器。

第 2 問

螳螂會變色嗎？

人類極度仰賴視覺來探索世界，眼睛可以說是人類最重要的感官。在探索的過程中，人們會將不一樣、特別是「看」起來不一樣的事物賦予名稱，並分門別類，所以傳統的生物分類便是一門極度偏重於剖析生物外觀差異的學問。而在五花八門的生物世界中，顏色的差異便是其中一項醒目的鑑定特徵。以螳螂為例，身著素白衣裳、白中透著粉紅的就是鼎鼎大名的蘭花螳代表顏色，牠的名字即是從這如花般的盛世容顏而來；而枯黃中帶點斑駁的棕色基調、配合形狀殘破的落葉造型，便是枯葉螳的外觀特色，也是螳如其名。這兩類螳螂有著獨樹一幟的外觀特色，使人一眼就能認出，顏色幾乎可以說是我們對自然界萬物的第一印象。

　　由於我對螳螂情有獨鍾，最常被親朋好友詢問：「我前陣子看到一隻綠色的螳螂，那是什麼螳螂？」他們瞪大眼睛，期待螳螂專家瞬間給出答案，但我的第一反應通常是：

「我不知道！」

　　真實情況是，很難單就顏色這一條線索辨別螳螂種類啊！

白裡透紅的蘭花螳。

躲在枯葉堆裡的勾背枯葉螳。

螳螂有什麼顏色？

　　在我攻讀研究所時，曾經飼養了成千上百的斧螳作為研究材料，從卵孵化後一路撫養到成蟲。剛孵化的一齡若蟲清一色是綠色，隨著成長，我發現同一種螳螂、甚至是同一個媽媽所生的親兄弟姊

同一個斧螳媽媽生下的後代

妹，體色竟然開始出現差異，而且變化多端。從新發嫩芽般的茵茵碧綠，到難以言喻的棕綠調和，以及從林中蔭下的深邃棕斑，過渡到低調華美的淡淡橙黃，有些甚至還帶一點橘紅色。如此美麗又多變的顏色使我驚嘆！為何螳螂的體色會有那麼多種變化呢？

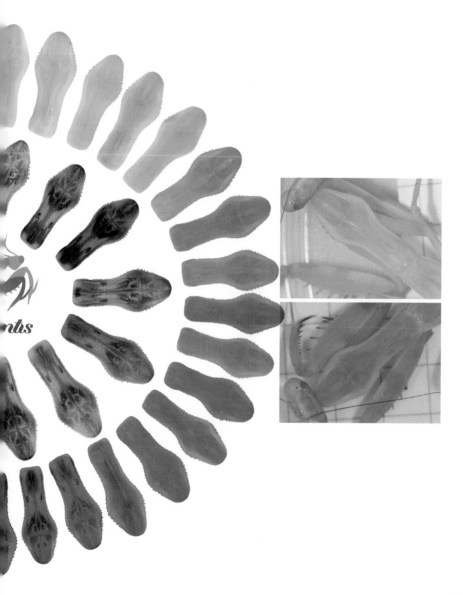

體色是大自然中關乎生存的重要因素，與周遭環境相襯的體色，可以使生物如溶影般遁入環境中銷聲匿跡，減少掠食者發現牠們的機率，藉此提高存活機會。白天，螳螂最大的天敵應屬會食蟲的鳥類，鳥類極度仰賴視覺來搜索獵物，因此與環境相襯的體色，可以大大減少螳螂被鳥類發現的機會，而多數螳螂的生活環境多由枝枒樹葉的綠色和泥土樹皮的棕色所構成，我們不難想像，綠色系和棕色系是絕大多數螳螂體色的主色調。很久以前牛津大學的科學家曾經做過一項研究，將棕色及綠色的薄翅螳都用線綁在棕色為主體的植物上，然後觀察哪種狀況下的螳螂比較容易被鳥吃掉。在連續記錄一個月之後，他們發現被綁住的棕色薄翅螳全員生還，但綠色的薄翅螳就沒有那麼幸運了，只過了一個星期便幾乎被天敵消滅殆盡[21]。由此可見，體色對於螳螂的生存有著至關重要的影響，選擇與自身體色相襯的背景能大大地提高存活機會！

大捲尾捕食半翅螳。
（吳志典 攝）

淡黃色的薄翅螳。

綠色的薄翅螳。

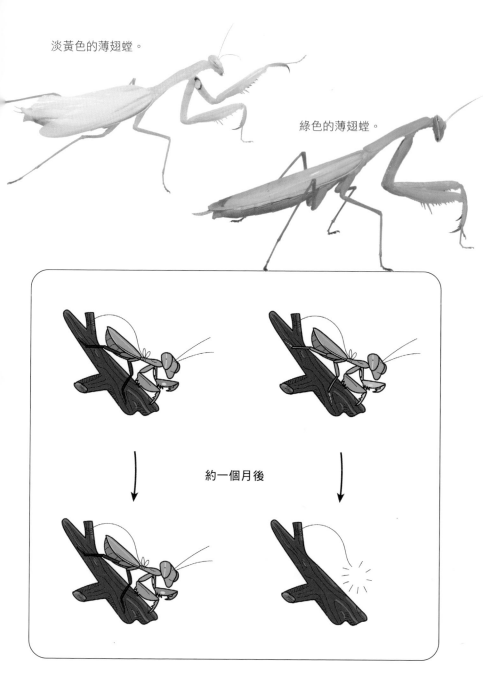

約一個月後

不同色型薄翅螳被捕食率實驗。
綠色型的薄翅螳在棕色的樹枝上容易被捕食，棕色型的則相反。

體色多變的刺花螳。體色從白色、粉紅色到暗紅色；斑紋的顏色有青、

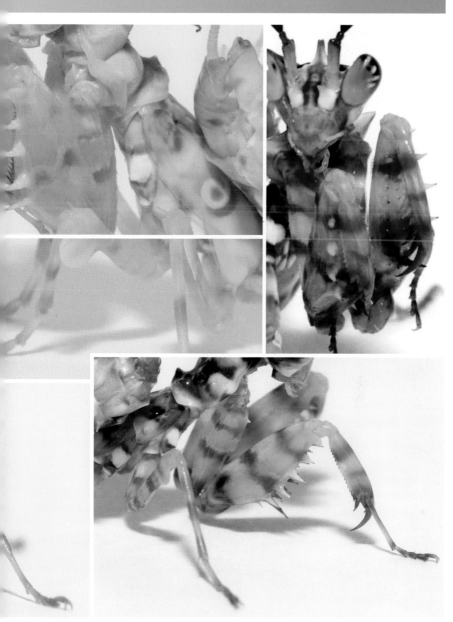

綠、黃、橙、紅等。不論體色和斑紋的顏色均為連續性的變化。

良禽擇木而棲，良螳選色而躲

　　既然體色關乎生存，若同一個螳螂媽媽生下的後代有多種體色，代表牠們有些適合躲藏棕色環境、有些適合躲藏綠色環境。這有一個好處：面對變動的環境時，總有一些後代可以適應環境中顏色的變化而存活，例如長期乾旱導致植物葉子枯黃，雖然綠色的個體可能會因此容易被天敵發現，但棕色的個體更能躲避天敵的追蹤；反之，如果氣候溫和，綠葉繁盛，則綠色的個體可能較佔優勢。問題來了，螳螂們難道有聰明如良禽擇木而棲、知道該怎麼選擇相襯的「微棲地」躲藏嗎？亦或只是等著天敵來挑走蹲錯地方的傻瓜呢？

與苔蘚融為一體的角胸奇葉螳。

好奇的科學家設計了一個簡單的實驗，來了解螳螂會不會像良禽一樣「主動」尋找適合的棲身之所。他們找了一種俗稱斑光螳的中小型螳螂，這種螳螂也有棕色型和綠色型的體色。科學家將這兩種色型的螳螂，放置於同時具有棕色和綠色的背景中，觀察牠們會不會對背景顏色有偏好。結果大多數綠色型的斑光螳，都選擇走向並停留在綠色的背景之中，而棕色型的螳螂則比較偏好棕色背景 [25]。牠們做出的微棲地選擇是如此明智且合理，讓我感到無比欽佩。那如果不幸遇上大旱災、植物枯萎，環境只剩下棕色作為背景色，綠色的螳螂難道只能遠走他鄉、或是坐以待斃嗎？嘿嘿，螳螂的厲害可不僅止於此，甚至某種程度上，牠們像是可以預見未來呢！

顏色與樹枝相仿的廣緣螳，攝於沙巴。

濕度的先知——斑光螳

　　這段螳螂先知的故事要從半世紀前的非洲迦納說起。如果實驗室環境下，螳螂有能力挑選與自身顏色相近的環境，野外的螳螂應該也辦得到吧？在迦納的科學家，針對野外斑光螳螂的顏色進行了為期四年的野外調查。他們發現不同月份所觀察到的螳螂，身上的顏色有點不太一樣。在一個月下不到四天雨的月份中，將近八成的斑光螳螂都是棕色的，只有兩成是綠色；不過在一個月下超過十天雨的月份中，反而是綠色螳螂占多數，有將近七成之多，棕色的則只有三成[25]。迦納的氣候不像臺灣有四季，而是僅從降雨量的差異分成乾季和雨季，在乾季的月份裡，缺水會導致葉子枯黃甚至凋謝，環境顏色通常以棕色系為主；而雨季的月份中，植物受到雨水滋潤，容易萌發較多綠葉，環境顏色則是綠色系為主。這份野外調查的結果與科學家們的預期不謀而合：乾季適合棕色，雨季適合綠色，非常直觀且符合邏輯，研究到這裡似乎已經告一段落。不過看到這裡你／妳可能會問：這跟先知有什麼關聯呢？不過就是顏色不對的斑光螳被小鳥吃掉了，進而影響整體的棕／綠比例嗎？

　　真實狀況當然沒有那麼簡單啦。秉持著不疑之處當有疑的精神，科學家們開始懷疑真的只是被掠食者捕食導致棕／綠比例改變嗎？還是有其他的可能？這時一個腦洞大開的想法出現了——難道螳螂可以隨環境改變顏色？如果可以，是什麼因素導致牠們改變呢？除了鳥類的捕食，乾季和雨季有什麼差異嗎？他們第一個聯想到的因素是：濕度。於是科學家們做了個簡單的實驗，他們將採集回來的棕／綠色斑光螳螂若蟲飼養在不同的濕度環境下，棕色者養在高濕度的條件下，綠色者養在低濕度，觀察牠們的體色會不會產生變化。結果，螳螂真的變色了！棕色的變綠色，綠色的變成棕色。不過這些變色有一個共通點，這群斑光螳都是經過至少一次的蛻皮後才改變顏色，沒有蛻皮之前並不會有如此劇烈的顏色變化，每次蛻

皮的間隔約為一到兩周。也就是說：當雨季來臨，空氣的溼度突然提高，在植物的新葉萌發之際，斑光螳便能在一到兩周內改變自身顏色，以應對日後枝繁葉盛的綠色系環境。為將來的變化提前做準備，就像是能預見未來一樣啊！

1　長大後會因為環境
　因素改變體色，
　變成綠色的成蟲。
　（黃仕傑 攝）

2　小時候原先體色比
　較偏棕色的斑光
　螳。（黃仕傑 攝）

光照的先知——非洲綠巨螳

　　每種螳螂作為「先知」的能力還有點不太一樣！不同種類對於環境變化有著不同的預測方式。接下來要介紹的第二個先知依然位在非洲迦納，科學家在野外採集了俗稱非洲綠巨螳的螳螂後，將這些螳螂帶回實驗室飼養。採集到這些螳螂時，牠們都是綠色的，可是經過一段時間飼養，蛻皮後幾乎都變成了棕色。奇怪的是，在同一時間點，野外絕大多數的非洲綠巨螳仍然是綠色的。科學家們合理懷疑：可能是研究室的飼養環境跟野外有些不同，才導致牠們變色，但究竟什麼是導致變色的主要因素呢？會不會也是濕度？

棕色型的綠巨螳。（黃仕傑 攝）

根據學者的研究，不同於斑光螳，影響非洲綠巨螳變色的關鍵因素是光照而非濕度[6]。依照非洲綠巨螳的生態習性，科學家推論牠們的若蟲喜歡棲息在矮灌木叢或小樹上，雨季時幾乎都是綠色，當乾季降臨，樹葉枯黃凋零，此時棲息環境中的遮蔽物大幅減少，不適合綠色個體生存。原本綠色的個體就會在下次蛻皮之後轉變為棕色。反之，若枝葉再度茂密並提供遮蔭，光照強度減弱，則棕色的個體也會在下次蛻皮之後轉變為綠色。對於非洲綠巨螳來說，牠們作為「先知」的能力是能夠感受光照強度的變化，並視情況改變體色。如果少了這項神奇的能力，牠們很可能在每次季節更迭之際，被天敵當成非洲草原上可口的自助餐享用。

綠色型的綠巨螳。（黃仕傑 攝）

靈活的先知——薄翅螳

　　曾經在亞馬遜雨林中救過我一命的義大利科學家 Battiston 與研究夥伴發現另一種看似平常的螳螂，卻有著驚人的變色天賦，那便是曾被牛津大學研究人員綁在樹枝上、大名鼎鼎的薄翅螳。義大利是標準地中海型氣候，每年八到十二月的雨量會逐漸增加，由乾燥轉為濕潤，而雨量的增加代表綠葉增生，綠色體色也會隨著時間逐漸從劣勢轉為優勢。他們從八月開始

我的朋友兼救命恩人 Roberto Battiston。

密集野外調查，發現野地中螳螂的棕／綠體色比例也從八月懸殊的 9：1，走向九月的 5：5、最終到十月時主客易位成為 3：7。

翅膀棕色但身體已經開始轉成綠色的薄翅螳。（Roberto Battiston 攝）

薄翅螳幾乎在各大洲都可見。（資料來源：GBIF）

　　牠們棕／綠體色的比例與環境之間的關係，與前面提到的斑光螳和綠巨螳非常相似，不過薄翅螳還有更為特別的能力，前面這兩種螳螂的變色有一個關鍵前提：必須透過蛻皮才能改變顏色，在相同齡期之內是無法變色的，但是薄翅螳可以！ Battiston 採集了部分野外調查時抓到的薄翅螳，在夏天採集到的成蟲全身都呈現棕色，但在實驗室飼養一段時間後，雌蟲身上的顏色竟然出現了明顯的變化，牠們的六隻腳、頭部、胸部開始變成綠色，唯獨翅膀保持棕色。這種成蟲依然能改變體色的例子，在螳螂的世界裡目前只有薄翅螳[9]。這項特殊能力讓牠們比其他螳螂更能面對環境顏色的變化，或許這也是薄翅螳成為全世界分布最廣的螳螂的原因之一吧！

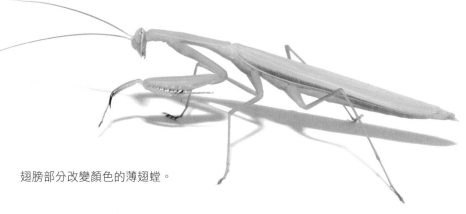

翅膀部分改變顏色的薄翅螳。

命定的先知——大魔花螳

　　接下來要介紹的這種螳螂，雖然具備變色能力，但和前面介紹的幾位相差甚遠。為大家隆重介紹——大魔花螳！大魔花螳分布於東非的坦尚尼亞、肯亞及索馬利亞等地，這些地方緯度非常低，大多屬於熱帶莽原氣候，終年高溫且乾濕季分明，年均雨量為 1,100mm 左右，大約是臺灣年均雨量的一半。而位於坦尚尼亞、烏干達、肯亞三者交界地區的維多利亞湖，就是大魔花螳著名的分布地區之一。此區溫度變化不大，所有月份的日均高溫都落在 25 至 30 度，夜均低溫都落在 15 至 20 度。四月和十一月是降雨高峰，月均雨量可達 150mm，大概跟臺北三、四月的雨量差不多。七月是這裡最乾燥的季節，幾乎整個月都不下雨，一年之中大約有一半的月份處於乾季。在這樣的環境下，可想而知，象徵乾燥的棕色系才是大多數時間裡最有競爭力的顏色。

大魔花螳一齡若蟲。
（俞豪 攝）

不過，一齡的大魔花螳並不是棕色的，而是以黑色為主，伴隨點點黃斑。但蛻皮進入二齡後，體色開始出現戲劇性變化，主色調從全黑轉變成淺棕色或淺黃色，前胸的最末緣、也就是接近中胸的地方出現綠色色帶，有些個體的頭部和腹部甚至會出現粉紫色，宛如一朵小花。二齡的這個時期可以說是大魔花螳漫長的若蟲生涯中，最繽紛燦爛的一段時光。進入到三齡以後，牠們身上那些帶有花朵氣息的色彩便開始凋零，乾草枯枝的棕黃色變成主色調，只剩下前胸後緣的那抹綠帶尚未枯萎。但是隨著齡期的增加，直到羽化成蟲以前，大魔花螳的若蟲最終通體會變成淺淺的淡黃色，就連三齡時僅剩的一抹綠帶都蕩然無存。經過半年左右漫長的發育時間，剛羽化的成蟲通體呈現淡黃色，仍與蛻皮前的體色相仿，但在羽化後的一周內，身上的綠色斑紋會逐漸浮現，最終取代掉原本的淡黃色。

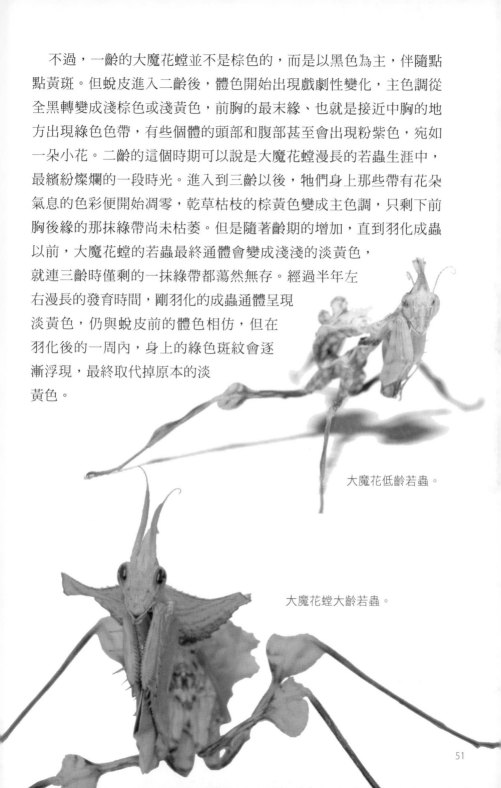

大魔花低齡若蟲。

大魔花螳大齡若蟲。

不過大魔花螳的體色改變，與前面提到的其他螳螂有個非常不同的地方，就我目前已知的資料，大魔花螳一二齡之間的黑轉棕、以及成蟲時的棕轉綠，是兩個必然會發生的顏色改變，而且不可逆。

與前面提到的其他螳螂相比，大魔花螳雖然也會在齡期轉換時改變體色，但牠們在漫長的若蟲期中，除了一、二齡時有明顯的改變，其他齡期仍然以棕色為主色調，不會像其他螳螂能全身轉換成綠色。牠們的體色彷彿只能照著事先寫好的劇本而改變，似乎少了幾分能因應周遭環境而變化的彈性，一旦環境出現劇烈變動，彈性較差的大魔花螳可能會比其他螳螂更容易被大自然淘汰。只能說，這種特殊的體色變化是大魔花螳的祖先們經過數萬年的演化後，得出的一個最適合在當地環境下演出的劇本吧！

根據 iNaturalist 網站總計 32 筆的大魔花螳野外目擊紀錄，有 29 筆是成蟲，其中有 15 筆集中在十一、十二和一月，正是維多利亞湖雨量最豐沛的時節。此時成蟲蒼綠的體色適合枝繁葉茂的雨季[註1]。而在較為乾燥的五月到九月，適合發育的高溫度、配合上相近於周遭環境的棕色體色，不僅為大魔花螳的若蟲創造了良好的生長條件，也

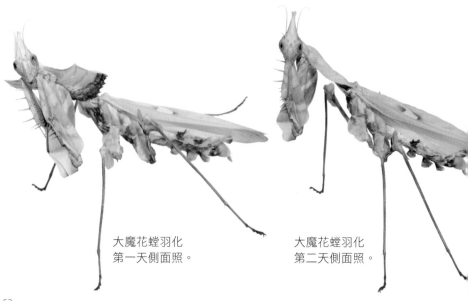

大魔花螳羽化
第一天側面照。

大魔花螳羽化
第二天側面照。

能最大程度的避免被天敵
發現。雖然目前科學家並
不認為大魔花螳具備可配
合溫度、濕度大幅度調整
體色的能力，但固定變色
的模式，彷彿命運早就注
定，由一代代祖先不斷適
應、並刻劃在基因裡，

大魔花螳羽化
第一天背面照。

大魔花螳羽化
第二天背面照。

註1 不過成蟲不是僅僅出現在這
些季節，大魔花螳雄蟲在羽
化後還可以活一到三個月，
而雌蟲在羽化後的壽命可達
半年，因此在其他月份也有
可能會看到成蟲，iNaturalist
上除了四、五、八月，其他
月份都有成蟲的紀錄。

大魔花螳羽化
第三天側面照。

大魔花螳羽化
第三天背面照。

第 **3** 問

為什麼有螳螂長得像花？

　　由於工作及興趣的關係，常常有學生或親朋好友與我在閒聊之際提起在野外看到的螳螂，我總是會問：那隻螳螂長什麼樣子？得到的回覆通常是「一隻綠色的螳螂」或是「棕色的螳螂」。在臺灣，一般常見的螳螂通常以這兩種色調為主，不過大自然無奇不有，有些螳螂打破棕色和綠色的框架，身著或白或粉的衣裳，舉手投足之間都名副其實的與「花」爭豔，人們稱這種美麗的螳螂稱為蘭花螳螂。

花朵上的蘭花螳螂。

長得像花不會被天敵發現嗎？

　　生物的顏色五花八門，例如雄孔雀華麗的尾羽、天蠶蛾翅膀上醒目的眼紋和老虎身上黃黑交錯的條紋，這些顏色不只是好看，也在生命中扮演非常重要的角色，主要的功能有：求偶、避免自己被吃、或是讓自己可以吃到食物等等。而在螳螂的世界裡，大多數種類的體色都是由棕色或綠色組成，這兩種配色使螳螂易於融入樹幹、樹葉、草叢等環境中，藉此規避鳥類等天敵的搜尋，例如躲在落葉堆中的枯葉螳螂，在鳥類的眼中幾乎與真正的枯葉無異[98]。本篇的主角蘭花螳螂卻以粉紅色和白色這兩種顏色一枝獨秀走天下，與自然環境下的背景形成強烈的對比，牠們身處草叢中時，那可真是萬綠叢中一點紅！如此招搖的顏色為何沒有導致蘭花螳螂被鳥類捕食殆盡呢？難道在鳥類的眼中，牠們是鮮豔的花朵而不是可口的午餐嗎？

翅膀上有眼紋的天蠶蛾，攝於沙巴。

如果能騙過天敵，應該跟花長得很像吧？不然在雨林中那麼顯眼的蘭花螳螂早就被吃光了。牠們到底像什麼花呢？科學家從馬來西亞，也就是蘭花螳螂的原生環境中，挑選了 13 種植物，這些植物的花在人類眼中與蘭花螳螂極為相似。但光能騙過人類還不夠，得騙過天敵鳥類才行，畢竟鳥兒的眼睛構造跟我們不太一樣，牠們可是看得到紫外光呢。

　　鳥類的視覺系統主要可分為兩大類，我們稱之為「U 系統」（U-type）以及「V 系統」（V-type）。U 系統的鳥兒多半生活在視野較為開闊、樹冠層遮蔽程度較低的地方；V 系統的鳥兒則多半生活在樹冠層遮蔽程度較高的林蔭環境中 [26]。這兩個系統的鳥兒都看得到紫外光，而 U 系統的鳥對於紫外光更加敏感一些。

粉紅色的蘭花螳。

科學家接著分析不同視覺系統的鳥類所看到的蘭花螳螂與這 13 種植物的花有沒有差異。他們發現在 V 系統的鳥兒眼中，約有半數花的顏色跟螳螂難以區別；而 U 系統的鳥兒眼中，則有少數的花與螳螂相似 [80]，而身處雨林環境之中的蘭花螳螂，應該比較有機會遇到 V 系統的鳥類。既然鳥兒們不易分辨出真花與假花，那在以棕色綠色為主色調的雨林中，蘭花螳螂身上突兀的粉色也不會過於吸引掠食者的注目，依然提供了絕佳的隱蔽效果。此外，花色衣裳還提供了更厲害的功能！

白色的蘭花螳。

上欺小鳥下騙蜜蜂

　　前面提到大多數螳螂的棕、綠體色能帶來良好的隱蔽效果，蘭花螳螂是特例中的特例，牠們奇葩的體色不僅能騙過天敵，還能夠吸引獵物！有人說過：理想的人生狀態是喜歡的人都被吸引到自己身邊，而討厭的人永遠不會找上門來。蘭花螳螂可說是這種理想人（蟲）生的代表！牠們的「美色」如何提供吸引力？又是哪些倒楣鬼會被吸引來呢？

　　「招蜂引蝶」近乎完美地詮釋了蘭花螳螂的這項超能力。蝴蝶、蜜蜂等以花粉或花蜜為主要食物的昆蟲，我們俗稱為「訪花昆蟲」。蘭花螳螂特殊的身體構造、如花一般的色澤不僅可以欺騙鳥類，也可以欺騙喜愛拈花惹草的訪花昆蟲。可是昆蟲的眼睛是複眼，與我們的視覺系統相差十萬八千里，科學家又是如何知道蜜蜂蝴蝶是被蘭花螳螂「騙」過去的呢？何況蜜蜂並不僅是靠顏色來辨別花朵，花的氣味和顏色 [20]、對稱性 [29]、形狀 [1] 都是蜜蜂用來尋找花朵的重要線索，而且蜜蜂和鳥類一樣都可以看到紫外光 [73]，為什麼還會被蘭花螳螂欺騙呢？

蘭花螳足部腿節的特殊構造，讓牠們從背面看時宛如一朵小花。

昆蟲眼中的螳螂是不是也很像花呢？他們從外觀上最明顯的視覺詐欺開始進行研究，想了解訪花昆蟲們到底看到了什麼？蜜蜂眼中的世界與我們非常不一樣，牠們雖然看得到紫外光，卻看不太到紅光[15]，而花瓣上反射的紫外光也是牠們辨認花朵的線索之一。科學家測量了蘭花螳螂中後腳上像花瓣延展般構造的反射光譜，發現竟然也會反射紫外光[80]！

不過，如果只是能夠反射紫外光，應該還不足以吸引蜜蜂，不然蜜蜂都往太陽飛就好了。科學家又拿了前面提到的 13 種當地植物的

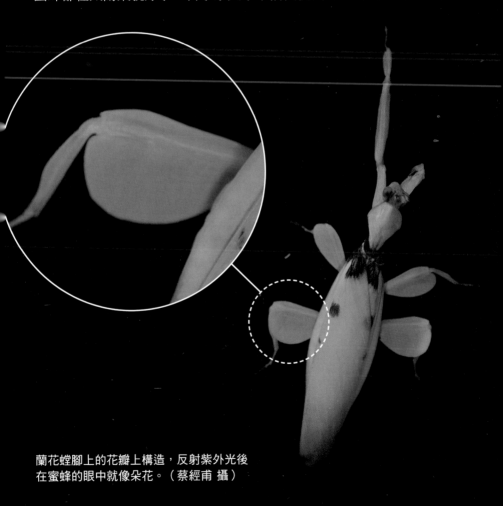

蘭花螳腳上的花瓣上構造，反射紫外光後
在蜜蜂的眼中就像朵花。（蔡經甫 攝）

花，測量花兒們的反射光譜並跟蘭花螳螂做比較，結果發現螳螂與花兒們的反射光譜有點相似。而且在蜜蜂的眼中，約有半數花的反射光譜跟蘭花螳螂腿上的花瓣延展構造沒什麼區別[82]。問題來了，蜜蜂到底是受花瓣般的形狀所吸引，還是被紫外光的顏色吸引呢？

為了解決這個謎團，科學家決定自己來騙騙蜜蜂。他們用陶土和鋁線捏了四隻假的蘭花螳螂，第一隻全身漆成棕色，第二隻全身漆成白色，第三隻也全身漆成白色，唯獨翅芽的部分使用一種特別的顏料上色，這種顏料的反射光譜與蘭花螳螂相似，第四隻則是全身都用這種特殊顏料上色。他們分別用這四隻假螳螂去勾引蜜蜂，看看蜜蜂比較喜歡誰，如果紫外光是蜜蜂選擇花的最重要依據，那我們可以預期應該第三、第四隻假螳螂會比較受歡迎。結果有點令人意外，除了第一隻棕色的吸引不到蜜蜂外，剩下的三隻對蜜蜂的吸引力旗鼓相當[82]，似乎紫外光反射的程度多寡，並不會影響蜜蜂對假蘭花螳螂的喜好，或許只要外型像花，不管是普通的白或是混合紫外光的白都可以。

對於蜜蜂來說，怎麼樣的外型才像花呢？興致勃勃的科學家又做了另一個實驗，他們這次做了三隻假蘭花螳螂，這三隻只有翅芽上

用陶土和鋁線捏製的蘭花螳。

塗有能反射紫外光的特殊顏料，並且仿造螳螂在前胸的後緣塗上綠色，在腹部上方畫了五條紅線。第一隻做得跟普通的蘭花螳螂差不多，第二隻卻把腳上如花瓣般的構造都拆掉了，第三隻則是把腳與花瓣構造亂擺亂插。

　　科學家就像遊樂園摩天輪下仔細點著人頭的工作人員，計算著到此一遊的蜜蜂數量，看看哪隻假螳螂能吸引到最多蜜蜂。經過多次

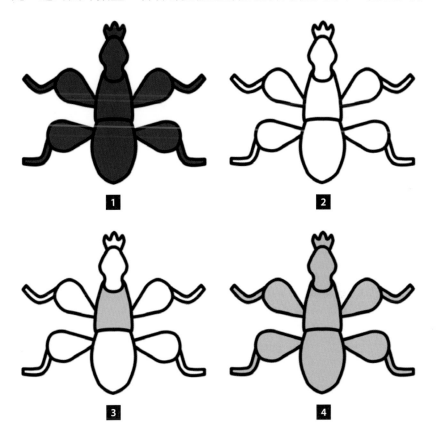

蘭花螳顏色吸引力實驗（Photo credit: Dr. O'Hanlon）
1　全身漆成棕色的 1 號假螳螂。
2　全身漆成白色的 2 號假螳螂。
3　全身漆成白色，只有翅芽漆上特殊反光顏料的 3 號假螳螂。
4　全身漆成特殊反光顏料的 4 號假螳螂。

實驗，他們發現這三隻假螳螂對蜜蜂的吸引力並沒有明顯差異 [82]。

這個結果令科學家更加疑惑，因為蜜蜂偏好對稱的圖案 [29；106]，但從這個實驗中完全看不出這樣的趨勢，難道僅僅依靠顏色就可以讓蜜蜂上鉤嗎？

在過去的研究中，的確在某些情況下蜜蜂會違反天性，選擇不對稱圖案。科學家在讓蜜蜂觀看不對稱圖案的同時給予糖水，讓牠

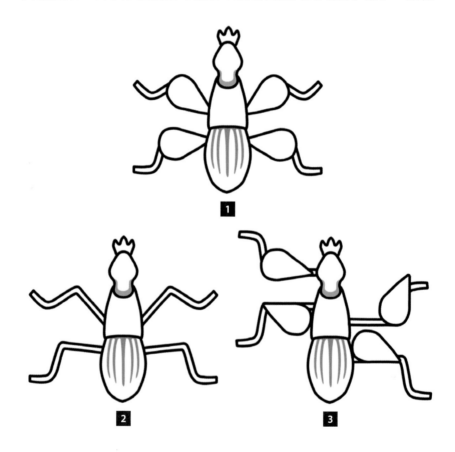

蘭花螳形狀吸引力實驗（Photo credit: Dr. O'Hanlon）
1　腳上有花瓣構造的普通版 1 號假螳螂。
2　腳上花瓣構造全拆除的 2 號假螳螂。
3　腳上花瓣構造亂擺亂拆的 3 號假螳螂。

們認知到不對稱圖案與食物之間的關聯，經過重複訓練後，蜜蜂便會選擇不對稱的圖案[29]，就像巴夫洛夫的行為學實驗中，那隻以為聽到鈴鐺聲就有食物可以吃的狗。這屬於特殊情況。於是科學家推論，或許蘭花螳螂腳上花瓣般的構造並不是專門拿來騙蜜蜂的，而是另有他用，例如欺騙蝴蝶等其他訪花昆蟲，或是天敵。但蘭花螳螂依然是蜜蜂的頭號殺手，在後來的田野調查中也證實了這點。

對稱圖形。

不對稱圖形。

蜜蜂通常較偏好對稱的圖案。

一枝獨秀或百花齊放？

　　坐擁盛世美顏，蘭花螳螂是攝影師鏡頭下的常客，特別經常與蘭花同框，來個與花爭豔，好不熱鬧。

　　可是如我們前面所提，蘭花螳螂的體色本身就已經具備隱蔽與吸引獵物的能力，牠們還需要與花同住嗎？

　　住在花叢中，周圍的花也會吸引訪花昆蟲，對螳螂而言代表了更多捕捉獵物的機會，但前來訪花的昆蟲不見得會靠近蘭花螳螂，因為周圍有太多花朵可供選擇。如果住在草叢中，失去了花叢的加持後可能沒辦法聚集較大量的訪花昆蟲，不過被吸引來的獵物幾乎都會上鉤，因為周圍沒有其他的花了。打個比方，住在花叢中的螳螂就像在人潮洶湧的百貨公司開店，只要有少部分人願意買單，就能存活；而住在草叢中的螳螂，就像在窮鄉僻壤設攤，只有附近的零星人潮會來光顧，除非品質一流遠近馳名，否則很容易落得門可羅雀的下場。那麼蘭花螳螂到底喜歡在哪裡「營業」呢？

2

　　為了解決這個難題，科學家深入泰國、印尼和馬來西亞熱帶雨林，長時間觀察野生蘭花螳螂的棲息環境。總共觀察到四隻成蟲、24隻若蟲，這四隻成蟲中有三隻在花上面被發現，剩下一隻在草叢葉子上。端看成蟲的數據，會讓人覺得牠們應該就住在花上吧。可是這24隻若蟲無一例外地出現在草叢葉子上[75]，並且在觀察期間，這些螳螂若蟲抓到的獵物清一色是蜜蜂。

　　如此偏頗的食譜當然引起了科學家關注，明明不是身處在「蜂」潮洶湧花叢地區，憑什麼能夠吸引大量蜜蜂前來？在樹木交錯的雨林中，視線所及距離有限，如果有什麼東西可以穿過樹林傳遞，應該是聲音或氣味。難道蘭花螳螂會吹口哨呼喚蜜蜂，還是牠們身上有什麼讓蜜蜂尋尋覓覓的味道嗎？

1　蘭花上的蘭花螳螂，雖然拍起來很美，但應該不是自然界中常見到的景象。
2　在馬來西亞野外原生環境中發現的蘭花螳成蟲，攝於沙巴。

蜜蜂殺手

　　昆蟲世界中，用聲音來傳遞訊息的有名例子就是夏日的蟬鳴，牠們嘈雜的音量可以傳得相當遠。不過目前人類並沒有發現螳螂能像蟬一樣持續製造高分貝的聲音，因此最有可能的線索剩下氣味了。科學家製作了小型抽氣裝置，先將蘭花螳螂置入其中，接著在螳螂面前、抽氣裝置的外面甩動用繩子綁住的死蜜蜂，藉此模擬有蜜蜂靠近時的情況，但讓牠們看得到卻摸不到。這時螳螂數度嘗試伸出捕捉足攻擊牆外的死蜜蜂，科學家收集這段期間的空氣加以分析，發現這些氣體中含有蜜蜂用於同伴之間溝通的費洛蒙[75；註1]，而且有兩種。

　　為了確認這兩種費洛蒙能不能吸引蜜蜂，科學家調配了不同濃度

第 1 種費洛蒙　　　　**第 2 種費洛蒙**

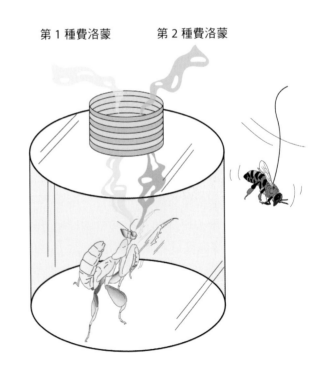

蘭花螳氣味實驗：蘭花螳看到死蜜蜂後，釋放能吸引蜜蜂的兩種氣味，並嘗試攻擊死蜜蜂。

比例的費洛蒙，並測試不同氣味對蜜蜂的吸引效果。他們發現這兩種氣味單獨存在時，對蜜蜂沒有什麼吸引力，但當兩種氣味同時存在、並以一定濃度混合時，蜜蜂會像著了魔似地飛過去[75]。而蘭花螳螂的若蟲能將這兩種費洛蒙混合使用，所以蜜蜂不僅會被牠們的外觀所騙，連牠們釋放的氣味都會讓蜜蜂無法自拔，實在是太神奇了！釋放這些味道的腺體，目前認為是位於蘭花螳的大顎，於是蜜蜂就被吸引到蘭花螳的嘴巴附近，有沒有看過這種美食歡樂送直接送進嘴裡的呢[75]？

不管是顏色或是形狀、甚至氣味，蘭花螳螂身上的每一處細節似乎都針對、迎合著蜜蜂的偏好而生。蘭花螳螂設計了一套為蜜蜂精心打造的完美陷阱，讓蜜蜂插了四片翅膀也難飛。

註1 生物之間互相溝通的方式有很多種，氣味是其中一種交流方式，而用來彼此溝通的氣味稱為「費洛蒙」。例如螞蟻出外覓食時會留下足跡費洛蒙（trail pheromone），讓同伴能夠追蹤，也讓牠們可以沿著氣味找到回巢的路。

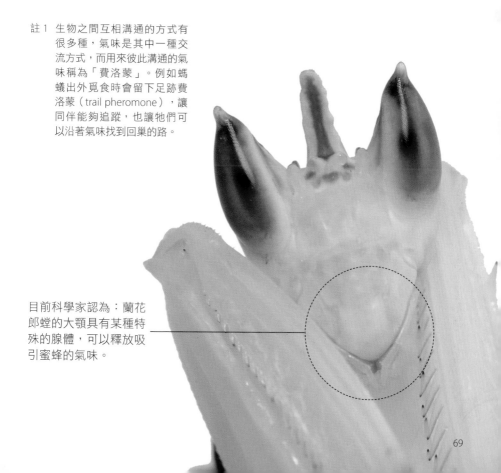

目前科學家認為：蘭花郎螳的大顎具有某種特殊的腺體，可以釋放吸引蜜蜂的氣味。

蘭花螳螂是在擬態蘭花嗎？

　　不論是基本款的躲避鳥類，或是可以吸引蜜蜂的進階功能，都證明了花色衣裳對於天敵和獵物的混淆功能相當卓越，如此厲害的蘭花螳螂到底算不算「擬態」花呢？在生物學中，一段「擬態」必須包含三個角色：被擬態的「模式物種」（model）、擬態他人的「擬態者」（mimic）以及「捕食者」（或獵物）。與擬態最相關的典故莫過於《伊索寓言》中「披著羊皮的狼」，狡猾的狼透過披上羊皮，讓羊群無法辨識威脅，藉機吃掉小羔羊來飽餐一頓。在這段寓言中，擬態者是狼，模式物種和獵物的角色則由羊一手包辦。那在蘭花螳螂的例子中，牠到底有沒有擬態某一種花呢？

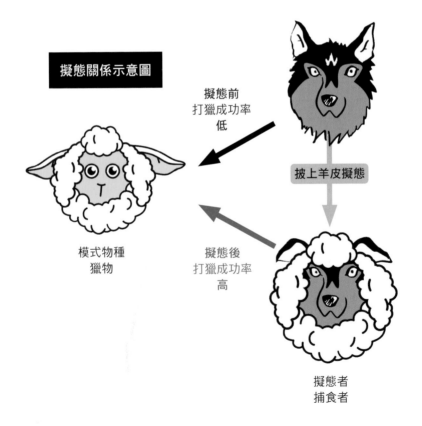

擬態關係示意圖

擬態前
打獵成功率
低

披上羊皮擬態

模式物種
獵物

擬態後
打獵成功率
高

擬態者
捕食者

前面提到的當地植物的花與蘭花螳螂的比較中，雖然鳥類和蜜蜂都分不太出差異，但是論顏色和形狀的綜合表現，蘭花螳螂並沒有與這些植物當中的任何一種雷同，牠們比較像是混合某幾種花的大雜燴，而非擬態成某種特定的「模式物種」[81]。也就是說，雖然牠們長得像花，但並沒有假裝成特定某一種花，既然找不到確切的擬態對象，也就稱不上是「擬態」。

不過這只是在外觀上沒有擬態，蘭花螳螂所釋放出的氣味，精確地模仿了蜜蜂用以溝通的費洛蒙，這滿足了模式物種（蜜蜂）、擬態者（蘭花螳螂）以及獵物（蜜蜂）的三方條件，與「披著羊皮的狼」概念相同。而這種欺騙獵物的擬態方式有一個特殊的名字，我們稱之為侵略型擬態（Aggressive mimicry）[84]，而且是氣味上的擬態。

綜觀蘭花螳螂的體色，即使沒有擬態特定的花朵，依然以牠們的天賦活出自己的光彩，進可以吸引獵物，退可迴避天敵的追蹤，乃是集攻擊和防禦於一身的極致存在，難怪被譽為地球上演化出的最完美生物呢！

擬態
蜜蜂的氣味

擬態後
打獵成功率
高

模式物種
獵物

擬態者
捕食者

第 **4** 問

螳螂吃什麼？

在飼養上，兜蟲、鍬形蟲等常見的鞘翅目寵物昆蟲商業化程度較為完備，牠們常吃的腐植土、菌瓶、甲蟲果凍等消耗性材料都能輕易在蟲店購得。然而，為什麼沒有蟲店販售「螳螂專用飼料」呢？

通常大家第一個會想到的原因，不外乎是買的人太少了。目前在臺灣飼養螳螂的人遠比飼養甲蟲的人還要少，所以店家沒有進貨非常合理。事實上，現今市面上真的沒有專門為了螳螂飼養而商品化的飼料，除了商業理由，還有生物學上的理由。

1 薄翅螳攻擊蜂鳥。
（Tom Vaughan 攝）
2 甲蟲飼養材料。
（玩甲蟲生態館 提供）

74

首先，所有種類的螳螂都是掠食者，主要獵捕體型比牠們小的節肢動物為食，尤其對「活餌」特別有反應。有些大型螳螂種類也有捕食小型脊椎動物的紀錄 [78]，例如美洲地區便經常傳出蜂鳥被螳螂捕食的案例。為何螳螂喜歡「活餌」呢？我會在本書其他章節討論，此處暫時不談。

　　對於蟲店經營者來說，長期穩定飼養供螳螂食用的活餌相當累人，更麻煩的是，並不是只要養好一種餌料昆蟲就可以一勞永逸。在螳螂成長過程中，體型會劇烈變化，成蟲的體積和重量可達一齡若蟲的百倍以上。因此小時候的食物和長大之後的食物截然不同，這也是飼養螳螂比較麻煩的地方。

幽靈螳成蟲與一齡若蟲的相對大小。

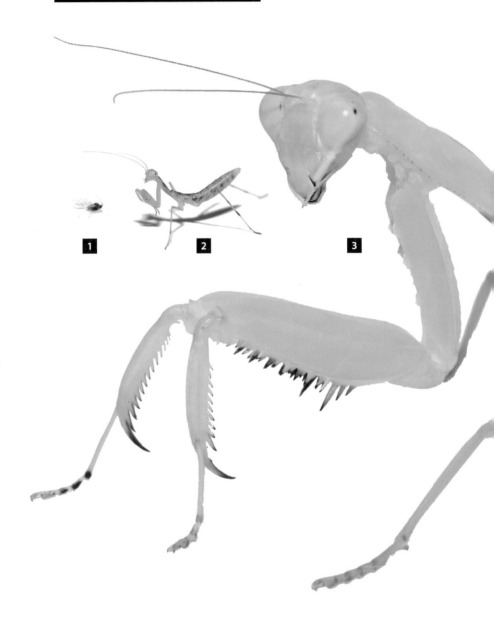

寬腹斧螳成蟲、若蟲體型示意圖

1

2

3

想要養好一種螳螂，通常得飼養或穩定供應二種以上的餌料昆蟲。以我較為熟悉的寬腹斧螳為例，成蟲的身體全長（從頭頂到翅膀末端）大約六至八公分，體重三到五公克，屬於較大型的螳螂，就連剛從螵蛸孵化的一齡若蟲也有一公分左右的長度。在野外環境中，小至一到二公分的麗蠅、蜜蜂，大至七到八公分的晏蜓、劍角蝗，都是寬腹斧螳成蟲捕食的對象。而一齡若蟲能捕捉的獵物大小，約從一至二毫米的蚜蟲，到一公分的斑蚊。成蟲獵捕的最小型獵物，甚至比一齡若蟲所捕捉的最大型獵物來得大一些。由此可見，長大後和小時候所選擇的獵物體型有著天壤之別。

重點是，螳螂屬於不完全變態的昆蟲，體型會隨著一次又一次的蛻皮逐漸變大，一生大約會蛻六到九次皮，其蛻皮次數因種類不同而有些微差異。我們該如何為每個階段選擇準備食物呢？

1　蚜蟲。
2　寬腹斧螳一齡若蟲。
3　寬腹斧螳雌成蟲。

去哪張羅食物？

　　到野外採集，或是向蟲店或寵物店購買「餌料昆蟲」。俗話說工欲善其事，必先利其器，野外採集前建議準備三樣東西：捕蟲網、裝蟲容器和長褲。捕蟲網可以大幅縮短採集時間與降低採集難度，裝蟲容器方便攜帶與運送捕捉到的昆蟲，長褲則可以避免在野地穿梭時被植物劃傷以及被蚊蟲叮咬。

　　讓我們先從螳螂小時候，也就是適合低齡期（約一至四齡）的野外食物開始說起。如果飼養一般中大型螳，例如斧螳和刀螳，因為其低齡若蟲的體型也相對較大，可以採集經常危害農園藝作物的蚜蟲、長得有點像蜜蜂的食蚜蠅、或是果蠅等都市常見的小型蠅類。

1　使用捕蟲網在矮草叢掃網，有機會掃到蝗蟲等小昆蟲。
2　都市重劃區域的荒地是捕捉各種小昆蟲的好地方。
3　麗長足虻等小型蠅類適合作為小型螳螂的食物。

蚜蟲的採集方式最簡單，但也與其他昆蟲的採集方式最不相同。我極度不建議用手抓蚜蟲，因為實在是太小了，一不小心就會捏死，或讓牠們逃走。我建議將有蚜蟲附著的植物剪一小截帶走，回家後插入裝水小容器中，這樣不僅可以維持植物的新鮮程度，也讓採集回來的蚜蟲暫時衣食無虞。

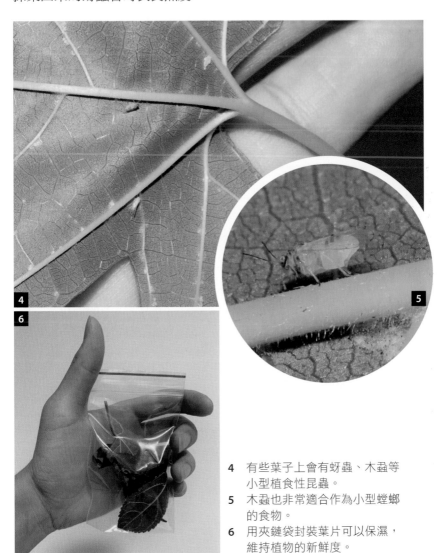

4　有些葉子上會有蚜蟲、木蝨等
　　小型植食性昆蟲。
5　木蝨也非常適合作為小型螳螂
　　的食物。
6　用夾鏈袋封裝葉片可以保濕，
　　維持植物的新鮮度。

食蚜蠅或其他小型蠅類則可以使用捕蟲網採集，並將採集到的昆蟲裝入預先準備的裝蟲容器帶回。如果飼養的是小型螳，例如齒螳和異跳螳，成體也不過二至三公分大小，低齡期體長也只有五毫米到一公分，就算是體長約一公分的食蚜蠅，對低齡期的牠們來說也太大隻了，蚜蟲和果蠅會是比較好的選擇。

小螳螂經過數次蛻皮長大後，會進入高齡期階段（約五至九齡），此時體型會比低齡期大上數倍。如果是大型螳，從一至三公分的負蝗和稻蝗，到三至四公分的紋白蝶，甚至是七到八公分的臺灣大蝗，都是近郊草地非常有機會找到、能當成螳螂食物的昆蟲。如果是飼養小型螳，小型的蟋蟀、蝗蟲、蠅類、葉蟬、紋白蝶，還有前述的食蚜蠅等，都可以是小型螳菜單上的可口餐點。

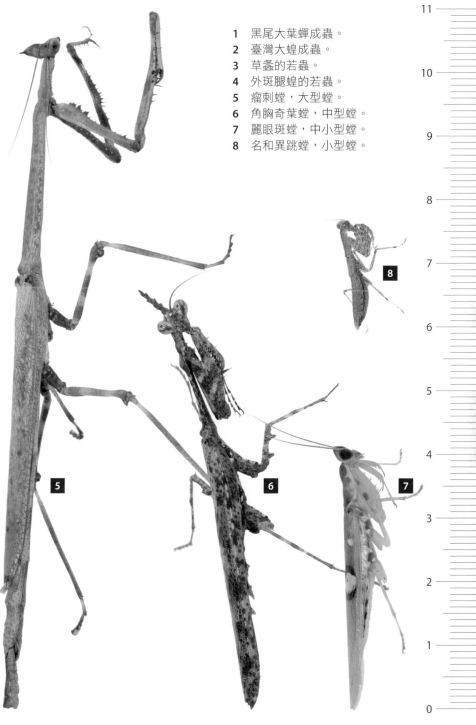

1 黑尾大葉蟬成蟲。
2 臺灣大蝗成蟲。
3 草螽的若蟲。
4 外斑腿蝗的若蟲。
5 瘤刺螳，大型螳。
6 角胸奇葉螳，中型螳。
7 麗眼斑螳，中小型螳。
8 名和異跳螳，小型螳。

不方便到野外抓蟲怎麼辦？

另一個張羅螳螂食物的管道是向蟲店或寵物店購買「餌料昆蟲」。相較於野外採集，能透過購買途徑取得的餌料昆蟲種類選擇較少，主要為：果蠅、麗蠅、麵包蟲、蟋蟀和櫻桃紅蟑五大類。

不管是大型螳或是小型螳，在低齡期，幾乎所有種類都適合以果蠅作為主要的餌料昆蟲，甚至可以說是最佳選擇。以寬腹斧螳和枯葉大刀螳這類大型種類來說，在四齡前可以只吃果蠅，但隨著齡期繼續成長，五齡時填飽肚子所需的果蠅數量太多，六齡後的捕捉足已經大到無法有效抓住果蠅了。然而如果是齒螳這類小型螳，則可以用果蠅從一齡養到成蟲都沒問題。

麗蠅體長約一公分，是適用齡期相當廣的餌料昆蟲。大型螳從四齡左右就能開始以麗蠅餵養，一直到成蟲。小型螳大約從六齡以上使用麗蠅較佳。不過麗蠅是比較特殊的食材，很難在一般蟲店或寵物店買到，可能要去釣具行購買，而且也不是直接買麗蠅回家，而是買一堆蛆。麗蠅和蛆有什麼關係呢？蠅類是一群完全變態的昆

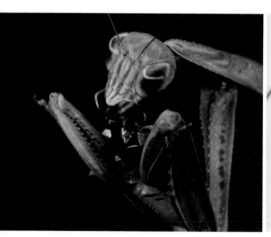 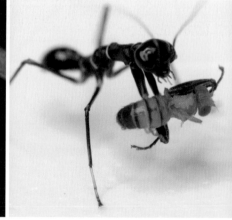

麗蠅可以當作絕大多數大型螳的飼料。　　果蠅非常適合當作一齡齒螳的飼料。

蟲，我們熟知能夠變成蝴蝶的毛毛蟲也屬於完全變態，長大後和小時候的外觀截然不同，而麗蠅的小時候就是所謂的蛆。從釣具行買回終齡的蛆後大約一周左右，牠們就會化蛹、羽化成麗蠅。許多人聽到蛆就避之唯恐不及，但如果能夠克服對蛆的恐懼和噁心感，麗蠅會是螳螂飼養上相當泛用的餌料昆蟲，大多數螳螂都能接受。

麵包蟲是這五種餌料昆蟲中最容易取得的，蟲店、一般寵物店、兩棲爬蟲店，甚至水族店都有販賣。但以餵養螳螂而言，麵包蟲在使用上較為侷限。一般購得的麵包蟲約二至三公分長，對於身材與其相當的小型螳來說太大了，建議使用於大型螳。此外，如果將麵包蟲直接投入飼養箱，牠們會在容器底部匍匐或靜止不動，可能導致螳螂沒有察覺到麵包蟲，或是察覺到了但難以捕捉。因此在餵食時，建議以鑷子夾取麵包蟲遞至螳螂面前，讓螳螂看到後自行抓取。

蟋蟀可說是兩棲爬蟲店和水族店的必備商品，市售的種類多半為黃斑黑蟋蟀，成蟲體長約二至三公分。蟋蟀和螳螂一樣屬於不完全變態的昆蟲，體型也會隨著齡期增長而變大，我們可以選擇體型適合所飼養螳螂捕食的蟋蟀。例如高齡期的大型螳可選用成蟲的蟋蟀

俗稱「白蟲」的大隻蛆，放置一陣子後就會羽化變成麗蠅。

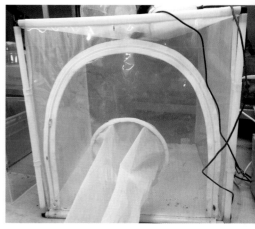

含有袖套的網籠是放置麗蠅的絕佳容器。將蛆置入其中後，待其羽化成麗蠅，便可通過袖套取出餵食螳螂。

餵養；低齡期的大型螳或高齡期的小型螳則可以選擇中低齡期的蟋蟀為餌料；低齡期的小型螳則僅能選擇同樣也為低齡期的蟋蟀。不過以蟋蟀作為螳螂的食物會有一些風險，在我的飼養經驗中，有些螳螂在取食蟋蟀後會嘔吐，甚至不明原因暴斃身亡。有些同為螳螂飼養愛好者的前輩認為可能是蟋蟀腸道內有什麼病原菌或寄生蟲，經螳螂攝入後導致其腹瀉或死亡，並認為可能與照顧蟋蟀的環境好壞有關。我曾經嘗試移除蟋蟀的腸道後再餵食螳螂，但仍有螳螂嘔吐及暴斃的情況發生，因此臆測可能與蟋蟀體內潛在的病毒有關。前幾年因為家蟋蟀濃核病毒肆虐，美國的蟋蟀飼養業者被迫殺死繁殖場內作為寵物飼料的蟋蟀。這種病毒對節肢動物具有專一性，但對脊椎動物幾乎沒有影響，因此吃了染毒蟋蟀的蜥蜴並不會怎麼樣。許多養殖業者紛紛進口其他種類的蟋蟀作為飼料替代品，並發現蟋蟀屬的種類對此病毒具有一定程度的抗性，較不容易因染毒而亡，但病毒依然會存留於蟋蟀體內 [105]。而臺灣常用的黃斑黑蟋蟀也是蟋蟀屬的成員，我不清楚市面上的蟋蟀是否也遭此病毒感染，不過黃斑黑蟋蟀或許對此病毒也具有相當的抗性，萬一遭受感染或許可以存活，但取食了蟋蟀的螳螂可能就沒有那麼好運了。

櫻桃紅蟑也屬於不完全變態的昆蟲，成蟲體長約二至三公分，主要可於兩棲爬蟲店購得，部分蟲店和水族店亦有販售。我們可以因應所飼養的螳螂體型大小，去選擇不同大小的櫻桃紅蟑餵食，在使用方式上近似於蟋蟀。

不管是使用蟋蟀或是紅蟑，在餌料的體型選擇上必須非常小心。曾經有螳螂飼養新手，上網查了不少資料，知道櫻桃紅蟑是容易取得且營養不錯的食材，但在餵食時錯估了螳螂與蟑螂體型的相對大小，拿了太大的蟑螂去餵太小的螳螂，導致螳螂無法捕食獵物活活餓死，而螳螂屍體又被蟑螂取食，乍看之下還以為蟑螂把螳螂殺死吃掉了呢。

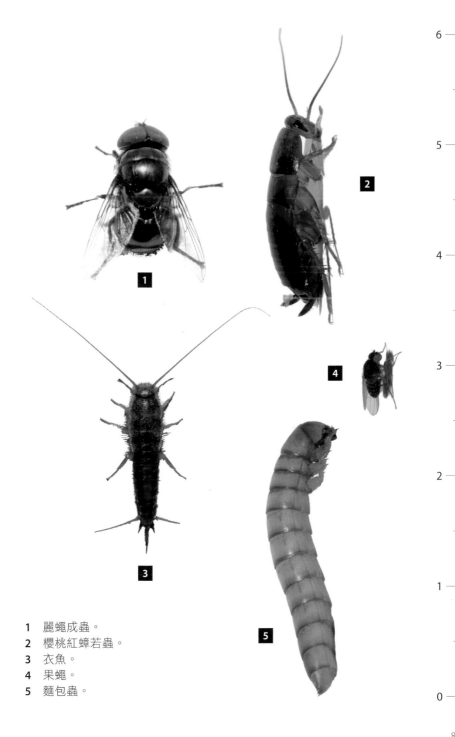

1 麗蠅成蟲。
2 櫻桃紅蟑若蟲。
3 衣魚。
4 果蠅。
5 麵包蟲。

如何挑選大小適中的餌料？

　　主要的判斷依據為螳螂與獵物之間的相對體型。有些人會建議選擇螳螂體型的三分之一或四分之一大小的獵物，這種評估方式在飼養本土常見螳螂種類身上是可行的。例如長度約 1.5 公分的二齡刀螳若蟲，願意捕捉的最大獵物體型約 30 立方毫米左右；而長度約四公分的五齡若蟲，願意捕捉的最大獵物為 500 立方毫米左右[47]。但是當套用在一些較為特殊、或是體型較為瘦長的種類身上，就很容易導致螳螂捕食困難，例如身體修長的長頸螳屬種類，纖細的前胸與前足常讓牠們被誤認成竹節蟲。比起刀螳的中規中矩、斧螳的粗曠，長頸螳如同樹枝一般細長的前胸顯得不堪一擊，這樣的構造可能就是牠們的捕食習慣與一般螳螂不同的原因。

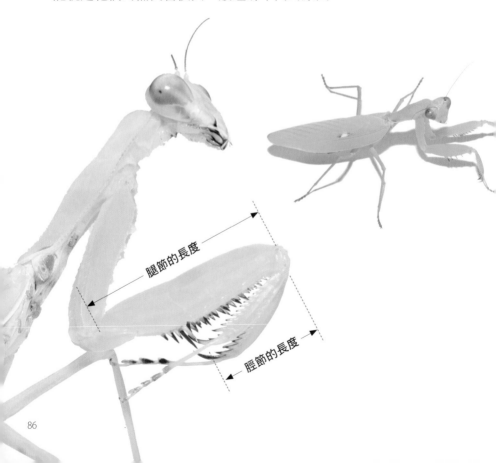

腿節的長度

脛節的長度

大部分螳螂捕食獵物的方式，都是以前足脛節與腿節的收合來夾擊獵物，並透過其上的刺來固定或壓制獵物，再加以啃食。一般螳螂前足脛節與腿節的比例約落在 1：1 到 1：2 之間，長頸螳脛節與腿節的比例卻從 1：2 起跳，介於 1：2 到 1：3 之間，脛節實際長度通常較其他大型螳來得短，如此短小的脛節能提供的夾擊幅度自然更小。比起其他螳螂，長頸螳對較為小型的物體更有反應、更容易發動攻擊，也較傾向攻擊移動較慢的物體，然而其他中、大型種類則偏好相對較大且移動快速的物體[86]。

　　因此長頸螳雖有超過 10 公分的巨型體長，卻不喜歡、或甚至可能沒有能力捕捉大型獵物，螳螂與獵物間相對大小的判斷依據在牠們身上並不完全適用。因此在飼養這類纖細瘦長的螳螂時，建議給予螳螂能夠收合捕捉足、並固定的獵物大小，若給予體型過大的獵物，可能會造成牠們因難以捕捉獵物而餓死，不可不慎！

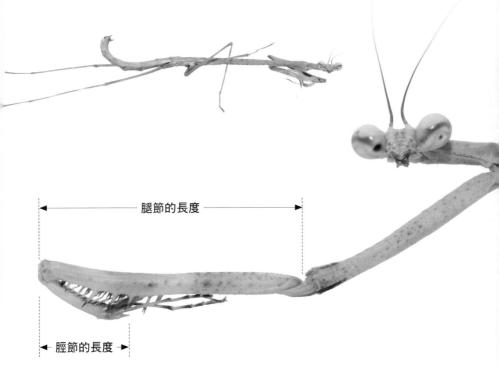

腿節的長度

脛節的長度

第 5 問

螳螂不動的時候
是在睡覺嗎？

夏秋兩季沿著郊山步道觀察植物，很容易發現螳螂悄悄地懸掛於枝條或花叢之下，或是攀附在葉子表面。牠們可能在同樣地方一待就是數小時，甚至好幾天，而且幾乎一動也不動。飼養過螳螂的讀者也會發現牠們常常靜止不動，不同於花間翩翩起舞的蝴蝶，以及經常橫衝直撞的蒼蠅。為什麼牠們可以長時間維持同個姿勢不移動，難道除了吃飯，其餘時間都在偷懶睡大覺嗎？

校園植物葉子上的棕色型寬腹斧螳。

動與不動，都要精打細算

我們熟知的成語「螳螂捕蟬，黃雀在後」所描述令人屏息的你等我、我等他的畫面，透露出螳螂獵食方式的線索，關鍵就在這個「等」字。大部分的螳螂種類都屬於守株待兔的伏擊型掠食者，會定點逗留以等待獵物上門。螳螂的體色幫助牠們在自然環境中將身影消弭於無形，不僅可以逃過敵人的法眼，也可以規避獵物的偵測並趁機捕捉。不過，所謂的守株待兔，並不是任意佇足，地點的選擇可是能否在殘酷的大自然中存活下來的關鍵。從這個角度來說，螳螂就像經營餐飲店的老闆，一旦挑到好的地點設店，人（蟲）潮洶湧絡繹不絕，壞的地點則門可羅雀，因此若地點挑得好，佳餚美饌不會少；地點挑不好，西北風喝到飽。那螳螂到底怎麼選擇落腳地點呢？

螳螂捕蟬。雖然畫面很美，但是兩隻蟲蟲模特兒都是擺拍的！

萬一挑到了一個人（蟲）潮稀少的地點開店，是要果斷認賠、更改店面位置，還是該相信自己的眼光獨到、繼續堅守陣地？科學家也十分好奇螳螂到底是哪一種老闆性格，於是設計了一些實驗。他們依照不同的餵食量，將一群螳螂分成飢餓組和吃飽組，接著把吃飽組的螳螂放入兩個大籠子，其中一籠完全沒有食物，另一籠食物充足；同時，他們把飢餓組的螳螂放入另外兩個大籠子，也是一籠沒食物，另一籠有食物。然後觀察這四個籠子中，在不同飢餓程度下留在沒食物跟有食物區域中的螳螂，分別會產生什麼反應。

　　有趣的是，螳螂應該是屬於識時務者為俊傑、比較靈活變通的老闆性格。在充滿食物的那兩個籠子，螳螂走動的總路程長度相近，飢餓組螳螂走的路比吃飽組的還要稍微多一些；然而，在沒有食物的那兩個籠子，吃飽組的螳螂幾乎沒什麼移動，飢餓組的螳螂則不安分地到處走，牠們走動的總路程長度為四籠之冠[67]。也就是說，當這些螳螂又餓又找不到東西吃時，牠們不會繼續固守原地坐以待斃，而是動身出發尋找其他獵場。因此，與其說螳螂是個守株待兔的獵人，牠們可能更像是逐水草而居的遊牧民族，只是螳螂追尋的不是水草，而是有著充沛食物的肥美獵場。而在食物不虞匱乏時，螳螂會避免不必要的走動以減少能量損耗，進入我們平常看到那動也不動的狀態。那麼，螳螂在漫長的等待中都在做什麼呢？偷懶嗎？

1　寬腹斧螳雌蟲，攝於 2018 年 7 月 31 日。
2　同一隻寬腹斧螳雌蟲，攝於 2018 年 8 月 3 日，過了好幾天仍然出現在同一
　　位置。

昆蟲會睡覺嗎？

　　如果一隻昆蟲在一段時間內一動也不動，牠是在休息還是在睡覺呢？在回答這個問題前，我們得先定義睡眠。在一般人的認知中，睡覺的人通常比休息的人還要難叫醒。而科學家從行為變化的角度，給予睡眠三個定義：

　　第一，睡著的生物會有特殊的睡覺姿勢，並且該姿勢是相對靜止但可逆的 [28]，例如人類睡覺的姿勢通常是肚子朝上，四肢平放。昆蟲也會肚子朝上睡覺嗎？一般人最常見到的翻肚昆蟲，大概就是中毒的蟑螂吧！很明顯地，如果昆蟲有睡姿，那一定與我們截然不同。在昆蟲世界中，鼎鼎大名的青條花蜂會在黃昏尋找植物停棲，接著用大顎咬住植物的莖，並將六隻腳收起來，如果沒有干擾，牠們可以整晚都維持這種奇怪的姿勢。當牠們成群結隊地咬在植物上時，看起來就像根掛滿寶石的枝條，十分可愛。

青條花蜂咬著枝條睡覺。（謝豔 攝）

第二，在睡覺期間，能喚醒該生物的難度（閾值）提高了[28]，例如學生上課打瞌睡被老師點名，不一定能夠馬上恢復清醒並回答老師。但若老師大聲斥責外加砸粉筆，學生受到更強烈的刺激，就比較有機會跟周公說再見。而在昆蟲中，與我們生活較為相關的例子是歐洲蜜蜂。蜂巢中主要負責出外收集花粉、花蜜的外勤蜂，通常每天晚上至少會有一段時間進入停滯不動的狀態，對於眼前移動的物體變得非常不敏感。但如果對牠們充滿感覺毛的眼睛周圍吹口氣，就可以把牠們從這種狀態中喚醒[50]。

第三，如果生物的睡眠時間被剝奪，會產生「睡眠反彈」（sleep rebound）的現象。這種現象在現代人身上特別常見，周間忙碌工作所導致的睡眠不足，讓我們在周末時可以一天睡上 12 小時來補眠。而在實驗室中，被科學家持續干擾睡眠 24 小時的倒楣果蠅，也在干擾結束後睡得比平常更久[93]。

綜觀這三種定義來看待昆蟲的行為，牠們也跟我們一樣會睡覺，但昆蟲沒有眼瞼，所以睡覺的姿勢、神情並不像小貓小狗的睡姿那般明顯好觀察。青條花蜂睡覺時會咬著枝條、歐洲蜜蜂睡覺時觸角會垂下來[51]、果蠅睡覺時會腹部著地趴下[36]，那我們的主角螳螂怎麼睡覺呢？

1　蜜蜂睡覺時觸角較為下垂，且幾乎不太會抖動，身體也不太移動。圓框中四隻蜜蜂正在睡覺。
2　影片中 0：07 畫面正中間的四隻蜜蜂就是圖 1 正在睡覺的個體。

螳螂怎麼睡覺？

　　其實這個問題到現在為止，科學家還沒有辦法給予很明確的答案。有關螳螂睡眠的研究非常稀少，可能螳螂的睡姿不太明顯，讓研究人員不易察覺。但很多昆蟲已經被證實會睡覺，螳螂應該也不例外。如果從外觀上看不太出來螳螂有沒有進入特殊的睡姿，科學家該怎麼判斷牠到底什麼時候在睡覺、什麼時候會開門做生意呢？

　　他們利用程式模擬獵物移動，並呈現在螢幕上讓寬腹斧螳觀看。這個實驗分別在早上九點到十二點和晚上九點到十二點進行，觀察牠們比較常在早上還是晚上抓獵物，結果發現大部分的螳螂都喜歡在晚上攻擊螢幕上的模擬獵物影像[91]。大部分人看到這樣的結果就會很快推論：螳螂早上睡覺，晚上打獵。BUT！喜歡追根究柢的科學家不會如此輕易下結論，晝伏夜出的習性聽起來還算合理，但若把捕捉獵物以外的時間都當成是在睡覺，那螳螂也太懶惰了吧？

　　於是他們又做了其他實驗來觀察螳螂喜歡在什麼時間點活動。科學家先把螳螂黏起來固定住，再把牠們放到特製的「螳螂跑步機」上。螳螂走路時會讓跑步機轉動，滾輪就會把轉動的時間與長

寬腹斧螳在白天對獵物影像比較沒有反應，晚上比較會攻擊。

度傳送給電腦，記錄螳螂何時走路以及走了多長。如果是晝伏夜出的生物，理論上白天應該不太活動，但結果顯示螳螂白天偶爾會走路，而且下午走動的頻率比上午高一些，傍晚黃昏時分是活動的高峰期。然而，過了這段約一至二小時的高峰期後，螳螂夜裡的走動頻率卻大幅降低，甚至比白天更低[91]。奇怪了，白天走來走去不睡覺，晚上不走路卻停下來守株待兔捕食獵物，難道螳螂一整天都不睡覺嗎？看來，如果單純以外在行為的變化當作指標來觀察螳螂，可能會被這兩個看似矛盾的結果混淆。

　　既觀察不到明顯的睡姿，又找不到合理的睡覺時間，難道螳螂不用睡覺嗎？跟大家一樣充滿疑惑的科學家只好改變策略，既然巨觀上看不出變化，那就從微觀的角度切入吧。科學家將螳螂的頭接上可以用來偵測微弱電流的電極，觀察螳螂在一天之中視覺神經的電流變化。結果晚上視覺神經的活躍程度勝過白天[91]，正巧呼應牠們獵食的時間，活絡的視覺神經能夠幫助螳螂在夜晚精準地鎖定、捕捉獵物。

　　但若因此就推論牠們是晝伏夜出的掠食者，依然沒有解決螳螂經常在下午走來走去的矛盾，除非牠們是單純逛大街而不打獵。這樣

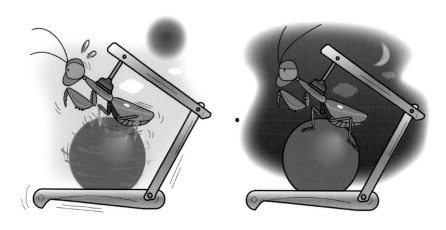

寬腹斧螳白天移動較為頻繁，晚上則不太移動。

顯然不太合理，需要長途跋涉才能吃頓飯已經很累，更何況走來走去還不吃飯，不僅消耗能量，還把行蹤暴露在天敵的眼皮底下。可是早上也動，晚上也動，螳螂到底什麼時候睡覺？

以我的經驗，其實不論是在白天或是夜晚，都有機會在野外觀察到寬腹斧螳的捕食行為。所以螳螂真的無時無刻都不睡覺在等獵物嗎？科學家認為，螳螂作為守株待兔型的掠食者，食物來自不可預測、間歇出現的獵物，在野外應該經常是處於食物匱乏的狀態[43]，必須隨時準備好以捕捉路過的獵物。可是這樣一來，螳螂似乎就沒有一段固定又完整的睡覺時間，自然界中有這種睡睡醒醒交錯的生物嗎？

還真的有！不只螳螂，在昆蟲的世界裡，有些蜜蜂的睡眠時間也是很零散。歐洲蜜蜂的一生中，可依其工作的地點和性質，粗略地分成在蜂巢內工作的內勤蜂時期與出門採集資源的外勤蜂時期。在外勤蜂時期，蜜蜂日出而作，日落而息；但在內勤蜂時期，蜜蜂的睡覺時間卻沒什麼規律[53]，似乎只要有工作，就得起身忙碌。

晚上獵食的薄翅螳。（王遠騰 攝）

在花下伏擊獵物的寬腹斧螳。

雖然內勤蜂像個隨時待命的工程師，但計算一下實際工作時間和進入「睡姿」的時間，就會發現牠們有大約三成的時間是處於睡姿，甚至剛羽化加入蜂巢大家庭不久的新工蜂，有近五成的時間都處於這個狀態[53]。雖然時間分散，但是總睡覺時數不短，或許是因為要及時應對蜂巢內工作需求，內勤蜂才得時時待命，沒有工作時便努力休息，看來蜂后並不是純粹壓榨勞工的慣老闆呢。

　　言歸正傳，在有更多研究證據出爐之前，科學家傾向認為：螳螂零散的睡眠時間可能是因應特殊的生活習性，在等待獵物上門時養精蓄銳，機會來臨時快速做好出擊準備，這才是螳螂的生存之道。

早上獵食的薄翅螳。（劉班 攝）

第**6**問

雌螳螂為什麼
會吃雄螳螂？

不管是對於人類還是動物，結婚都是一生中的頭等大事。人類的結婚典禮會讓人感受到快樂與喜悅，動物的結婚典禮則讓我們驚豔與讚嘆，例如跳著複雜求偶舞的天堂鳥，或是會準備結婚禮物的蠍蛉。然而，有一類動物的婚禮不僅不會讓人開心雀躍，反而是讓人提心吊膽。

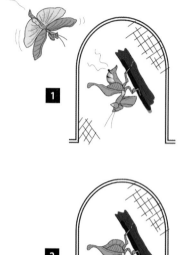

法布爾在《昆蟲記》中詳細描述了雌雄螳螂相遇後發生的悲劇，雌螳螂竟然用長滿尖刺的捕捉足，抓起前來求婚的雄螳螂後，將可憐的新郎吃掉了！從此雌螳螂殺夫的殘暴形象便深植人心。雌螳螂為什麼要這麼做呢？

為了補充營養？

想要釐清前因後果，我們得先知道螳螂是怎麼結婚的。請大家想像一下，在枝條交錯的雨林環境或隨風搖擺的長草堆裡，雌雄螳螂如何找到彼此？人類大約在 1979 年時第一次了解螳螂在茫茫樹海中找尋異性的方法 [88]，科學家發現，如果他們把雌螳螂裝在通風容器內，再放到雨林中一天，便會發現容器上飛來許多雄螳螂，而且即使是在視線被遮蔽的容器上，依然能看到雄螳螂。原來雄螳螂能追尋女方散發的特殊氣味，循線找到理想對象。這種由同種生物釋放、具有傳遞訊息功能的氣味，稱之為「費洛蒙」。也就是說，在螳螂的世界裡，是由女生吸引男生，讓男生尋找女生。這也呼應了第一章節中提到，雄性觸角較為粗而長，因為上面裝滿了用以偵測女生氣味的感受器。

3
4

1　腹部彎曲、正在釋放費洛蒙的雌蟲，即使遮蔽雄蟲的視線，雄蟲依然可以透過氣味飛過來尋找雌蟲。
2　腹部沒有彎曲、沒有釋放費洛蒙的雌蟲，當容器被遮蔽後，完全沒有雄蟲接近雌蟲。
3　正在釋放費洛蒙的寬腹斧螳。
4　受驚擾後停止釋放費洛蒙的寬腹斧螳。

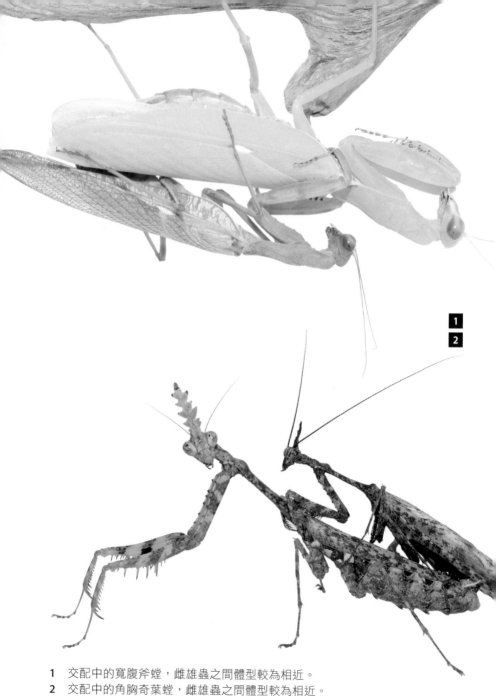

1　交配中的寬腹斧螳，雌雄蟲之間體型較為相近。
2　交配中的角胸奇葉螳，雌雄蟲之間體型較為相近。
3　交配中的蘭花螳螂，雌雄蟲之間體型差距懸殊。

3

作為一種肉食性昆蟲，螳螂主要的食物來源是其他小型節肢動物，包括體型比自己還小的同類。這種以同類的血肉為食的現象，稱之為「同類相食」。螳螂和大多數昆蟲一樣都是卵生動物，在懷孕期間，雌螳螂必須攝取大量食物來補充能量，並為肚子裡發育的卵提供養分，而在此時被吸引前來求婚的雄螳螂，便成了雌螳螂手到擒來的美味佳餚。

以寬腹斧螳為例，我曾記錄 48 隻剛羽化成蟲的雌螳螂體重，平均為 1.75 公克。同樣是剛羽化的雄螳螂，總計 14 隻的平均體重為 0.91 公克。如果剛羽化的雌螳螂遇到一隻雄螳螂，並且吃掉對方，牠可以獲得相當於自身一半重量的食物，對雌螳螂來說是非常有份量的一餐。這樣的一頓大餐對雌螳螂有什麼幫助呢？

截至目前的研究發現，常見的中華大刀螳 [16] 和薄翅螳 [58] 等六種螳螂，新郎倌犧牲後為女方提供的肉體營養，會使雌螳螂的產卵量增加，得以產下更多螳螂寶寶。而僅有一種螳螂，男方的犧牲對於雌螳螂能不能生出更多後代的影響不大 [68]。從眼下僅有的證據看起來，雄螳螂在短短的生命中將自己的價值發揮得淋漓盡致，滋養了下一代，雌螳螂也從中獲益，生下更多小螳螂，最終得到一個爸爸、媽媽、小孩三方全贏的完美結局。咦，聽起來是不是很奇怪？

　　到底誰才是這場結婚戰爭中的勝利者？讓我們先從女方的角度
來討論。為了說明方便，先暫時稱呼那些營養狀態較佳或食物來源
充足的雌螳螂為「富有的雌蟲」，稱呼營養狀態較差或是長期處於
飢餓狀態的雌螳螂為「貧窮的雌蟲」。如果雌螳螂吃掉異性是「為
了」補充營養，那我們可以大膽推測：比起「富有的雌蟲」，「貧
窮的雌蟲」應該更傾向於把前來求婚的雄螳螂給吃掉。的確，在刀
螳 63 和斧螳 11 等五種螳螂的研究中，貧窮的雌蟲比較容易吃掉另一
半，畢竟這時來獻身的雄螳螂就像雪中送炭，哪有不接受的道理。

前面提到雌螳螂用來吸引異性的方法是透過釋放費洛蒙，讓雄螳螂循味而來。有一種螳螂的雌性甚至會使用近似詐欺的手段，在非常非常「貧窮」的狀態下，會偷偷在費洛蒙上動手腳，營造出自己是絕世佳人般的錯覺[8]，被這股芳香沖昏頭的雄螳螂便會義無反顧地前來相會。結果可想而知。毫無疑問，雌螳螂無論在何種情況下都是贏家。

　　難道雄螳螂被異性的費洛蒙吸引過來後，只能傻傻交出生命，成為後代的養分？牠是「自願」犧牲的嗎？雌螳螂通常是從雄蟲的胸部或頭部開始吃，如果從頭部開始吃，會觸發雄螳螂的一項潛在能力，這項能力為雄螳螂帶來的幫助，曾被視為是雄蟲「自願」犧牲的證明。

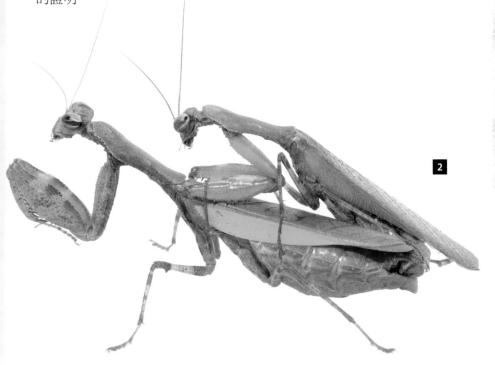

2

1　寬腹斧螳的雌蟲非常容易吃掉另一半，這隻雄螳螂算相當幸運。
2　「富有」的日本姬螳雌蟲在大多時候都較容易受雄蟲青睞。吃得飽飽的雌蟲，腹部兩側的節間膜會明顯露出，且較不會攻擊雄蟲。

螳螂和大部分昆蟲一樣都有著複雜的神經系統。螳螂的頭部有一個被稱為食道下神經球（subesophageal ganglion）的構造，當雌螳螂從雄蟲的頭部開始啃食，這個部位很快會被吃掉。緊接著，神奇的事情發生了！雄螳螂的食道下神經球被吃掉後，雄螳螂的交尾動作變得更加激烈，不斷彎曲腹部伸出交尾器，這種動作被認

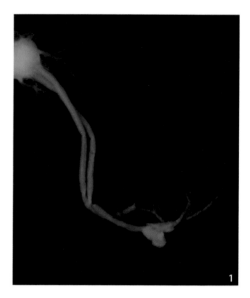

為可以提升雌螳螂受孕機會，生下更多小螳螂[89]。也就是說，雄螳螂被「砍頭」不僅能夠增加雌蟲受孕的機會，還能將自身化為後代成長的養分，進一步提升後代的數量。從這點來看，雄蟲的犧牲似乎理所當然。

有趣的是，「砍頭」能促進交尾動作的現象並非螳螂的專利，科學家曾經在其他昆蟲身上發現類似現象。例如蚊子通常需要在開放空間藉由「婚飛」來找到伴侶，但在實驗室狹小的環境下難以進行婚飛，科學家便把雄性斑蚊的頭給砍了，促使雄蚊在實驗室條件下與雌蚊交配，生產出實驗所需的蚊子[72]。蟋蟀[42]和牛蠅[104]等也都能通過砍頭來誘發交尾動作。問題是，斑蚊、蟋蟀和牛蠅的雌性並不會在交配時殺了老公，比較缺乏將這種能力發揚光大的場合，為什麼牠們的雄性也具備這種特殊能力呢？

1　枯葉大刀螳的食道下神經球。
2　菱背枯葉螳雌雄蟲的體型懸殊，左雌右雄。
3　體型差距過大，使得被雌蟲抓住的菱背枯葉螳雄蟲很難成功交配。

2

　　讓我們將目光聚焦回螳螂，「雄螳螂的犧牲是『為了』藉由被砍頭而促進交配」的論點似乎不太合理，畢竟其他不會被老婆砍頭的昆蟲也有這項能力，硬要說犧牲（果）與砍頭（因）有因果關係有點太過牽強。如果不是為了砍頭而犧牲，唯一能讓雄螳螂心甘情願被吃掉的理由，只剩下幫雌蟲補充營養。若只有這個好處，對雄螳螂來說到底是利大於弊還是弊大於利？

3

牡丹花下不想死怎麼辦？

　　如果雄螳螂的犧牲對自己及後代而言都是利大於弊，那我們可以預期雄螳螂的獻身應該是「自願」的。但是經過數十年的研究，科學家發現了一些令人出乎意料的事，使得他們認為雄螳螂可能不是那麼「心甘情願」獻上腦袋瓜！

　　螳螂主要依靠視覺來打獵，牠們的眼睛非常善於偵測移動中的物體。如果雄螳螂是「自願」犧牲，牠應該會快速從女伴面前經過，或是來回走動，讓對方更輕易地發現自己，讓生命能畫下一個快速、簡潔又完美的句點。有趣的是，實際上雄螳螂看到異性後，既不會明目張膽快速經過，也不會大搖大擺地走來走去，反而如臨大敵般戰戰兢兢。

　　難道雄螳螂會害羞？科學家認為這種緊急剎車般的舉動，應該是為了避免被對方發現，因為螳螂的眼睛對於移動緩慢或是靜止的物體較不敏感，雌螳螂難以辨識幾乎靜止的雄蟲。這樣就更奇怪了，有緣千里來相會，相會了卻不希望對方發現自己，難道是希望對方把自己當成一根樹枝或一片樹葉？這樣的接近模式讓科學家開始懷疑，雄螳螂寧願不被認出，也不要被吃掉。隨著研究繼續深入，科學家發現了更為驚人的事實。

　　螳螂捕捉獵物時，通常是身體向前、伸出帶刺的前足往前攻擊。也就是說，如果雄螳螂從雌螳螂的面前經過，代表牠全身都暴露在雌螳螂的攻擊範圍內，只要女方出手，男方很難逃出。然而，如果男方從女方的後面接近，雌螳螂必須先將身體轉過來才能攻擊，相較之下，從後方接近的雄螳螂多了許多反應時間來爭取死裡逃生的機會，也的確擁有較高的存活率 [7;48;63]。

1　將前足伸直是孔雀螳慣用的偽裝伎倆，用以避免遭天敵發現。而右側的孔雀螳雄蟲正在使用牠的慣用伎倆，小心翼翼接近雌蟲。

2　雄螳螂接近過程中的每一步都緩慢得趨於靜止，彷彿在玩一二三木頭人。

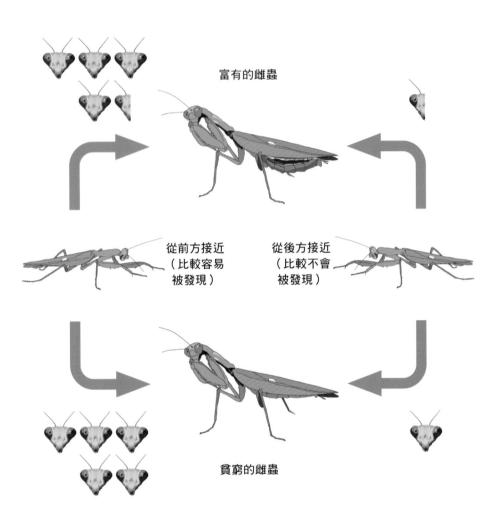

富有的雌蟲

從前方接近
（比較容易
被發現）

從後方接近
（比較不會
被發現）

貧窮的雌蟲

 雄螳螂求偶風險圖，以寬腹斧螳為例。
危險程度以螳螂頭表示，數量越多代表越危險。

簡言之，從前面接近的風險高，比較不安全；從後面接近風險低，比較安全。科學家進一步發現，雄螳螂從風險高的前面接近時，會採取比較不容易被發現的極慢速移動，從風險低的後面接近時則會移動的稍快一些[7;62]。原來雄螳螂好像知道何時該乖乖裝成樹枝樹葉靜止不動，何時該鼓起勇氣積極向前呢。這樣看來，雄螳螂其實根本不想死？如果大家認為會判斷不同接近方向之風險差異的雄螳螂十分聰明，接下來的故事可能會讓人覺得牠們簡直是天才。

　　回到前面我們依營養狀態將雌螳螂分為「富有的雌蟲」和「貧窮的雌蟲」。除了那個非常非常「貧窮」時會技術性詐婚來騙取男方肉體的雌螳螂之外，在大部分情況下，雄螳螂並不是來者不拒的好色之徒，牠們可是很挑剔。俗話說環肥燕瘦，青菜蘿蔔各有所好，不過在螳螂的世界裡，吃得肥肥胖胖的「富有雌蟲」才是符合大眾審美觀的極品美女。科學家發現，雖然不管是富有還是貧窮的雌螳螂都會釋放費洛蒙來吸引雄性，但比起三餐不繼、身形消瘦的苗條雌螳螂，飽食終日、身材飽滿的雌螳螂所排放的費洛蒙比較受到廣大男性歡迎[69;70]。如果給雄螳螂聞一聞富有與貧窮雌蟲的費洛蒙，大多數雄蟲都會選擇向富有的那端走去。

麗眼斑螳雄蟲
討老婆成功嗎？

為何雄螳螂偏好「富有的雌蟲」呢？科學家提出兩個可能原因：第一，「富有的雌蟲」由於長期的食物不虞匱乏，有足夠營養能孕育較多後代，也就是牠肚子裡滿滿的卵；而「貧窮的雌蟲」由於長時間處於飢腸轆轆的狀態，能滋養卵的營養也相對缺乏，故肚子裡面的卵也比較少。以雄螳螂的立場來看，能夠產下越多後代的配偶當然比較理想，畢竟婚搞不好只能結一次啊。第二，如同前面提及，「貧窮的雌蟲」比較容易把前來求婚的雄螳螂給吃了。所以，選擇「富有雌蟲」的理由，會不會正是因為雄螳螂不想死呢？

科學家也很好奇，可以選擇時雄螳螂會選「富有的雌蟲」，那如果沒得選呢，雄螳螂依然會趨吉避凶嗎？在以刀螳為例子的實驗中，科學家將雄螳螂與比較不受歡迎的「貧窮雌蟲」單獨放在一起，他們想要觀察當沒有更好的選擇時，雄螳螂是否會屈就眼前的對象？研究結果顯示，很多雄螳螂的確會選擇眼前這位稱不上大家閨秀的「貧窮雌蟲」。但更有趣的是，這些屈就的雄螳螂在接近過程中的移動速度極度緩慢，甚至趨於靜止，這也是相對安全的接近模式 [62]。

因此，雄螳螂不僅從高風險的前方角度接近雌螳螂時會採取較安全的接近模式，面對同樣具有高風險的「貧窮雌蟲」時，也是如法炮製。能夠在不同狀況下使用因時制宜的接近策略，該不動時乖乖裝成樹枝或樹葉，該前進時也願意邁開步伐，爭取一親芳澤的機會。如此精明的雄螳螂並不像是會為了後代而拋頭顱灑熱血的莽夫，反而像是步步為營的棋手，下著一盤對手具有絕對優勢、但又不能輸的搏命棋局。

1

1 雌蟲正在吃東西時，是雄蟲接近的好時機。
2 有些「富有」的雌蟲在野外非常受歡迎，會有大量追求者。（施圓通 攝）
3 從後方接近「富有」的雌蟲，很容易成功達陣抱得美人歸。

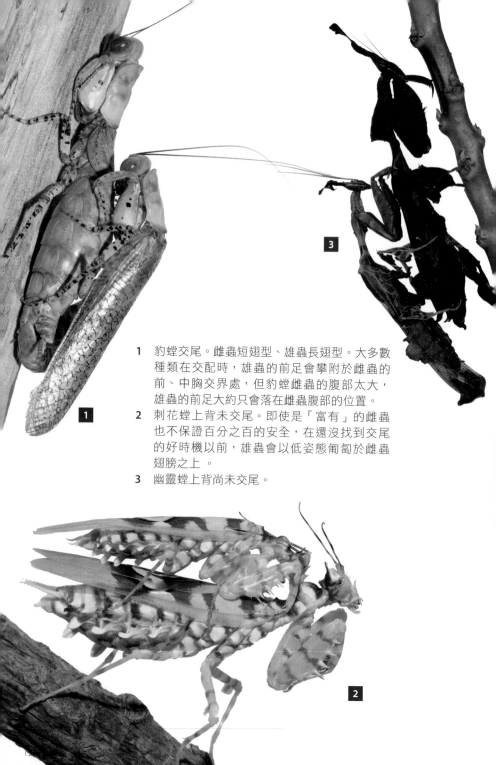

1　豹螳交尾。雌蟲短翅型、雄蟲長翅型。大多數
　　種類在交配時，雄蟲的前足會攀附於雌蟲的
　　前、中胸交界處，但豹螳雌蟲的腹部太大，
　　雄蟲的前足大約只會落在雌蟲腹部的位置。

2　刺花螳上背未交尾。即使是「富有」的雌蟲
　　也不保證百分之百的安全，在還沒找到交尾
　　的好時機以前，雄蟲會以低姿態匍匐於雌蟲
　　翅膀之上 。

3　幽靈螳上背尚未交尾。

只要操作得宜，雌螳螂不一定會吃掉雄螳螂！

4　中印枝螳交尾。這隻雌蟲腹部的節間膜幾乎沒有露出來，屬於「貧窮」的雌蟲，而雄蟲的前胸之前都被雌蟲吃掉了。

5　圓胸葉螳上背未交尾。圓胸葉螳屬於較為兇猛的種類，雌蟲經常將雄蟲吃掉，但若上背的方向與時機得宜，並且找到「富有」的雌蟲，也是可以像圖中男主角一樣大大提高存活率。雄蟲的腹部正在彎曲，嘗試搜尋雌蟲的交尾器。

6　黃花螳上背尚未交尾。跟蘭花螳一樣雌雄蟲體型差距懸殊。

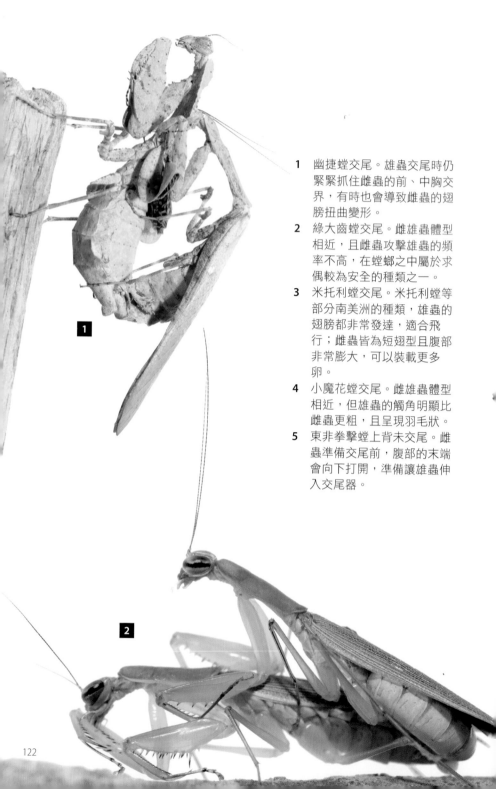

1 幽捷螳交尾。雄蟲交尾時仍
緊緊抓住雌蟲的前、中胸交
界，有時也會導致雌蟲的翅
膀扭曲變形。

2 綠大齒螳交尾。雌雄蟲體型
相近，且雌蟲攻擊雄蟲的頻
率不高，在螳螂之中屬於求
偶較為安全的種類之一。

3 米托利螳交尾。米托利螳等
部分南美洲的種類，雄蟲的
翅膀都非常發達，適合飛
行；雌蟲皆為短翅型且腹部
非常膨大，可以裝載更多
卵。

4 小魔花螳交尾。雌雄蟲體型
相近，但雄蟲的觸角明顯比
雌蟲更粗，且呈現羽毛狀。

5 東非拳擊螳上背未交尾。雌
蟲準備交尾前，腹部的末端
會向下打開，準備讓雄蟲伸
入交尾器。

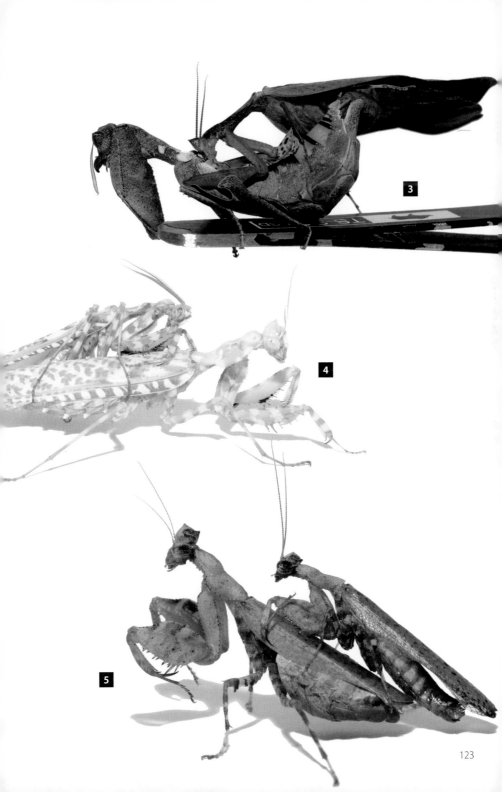

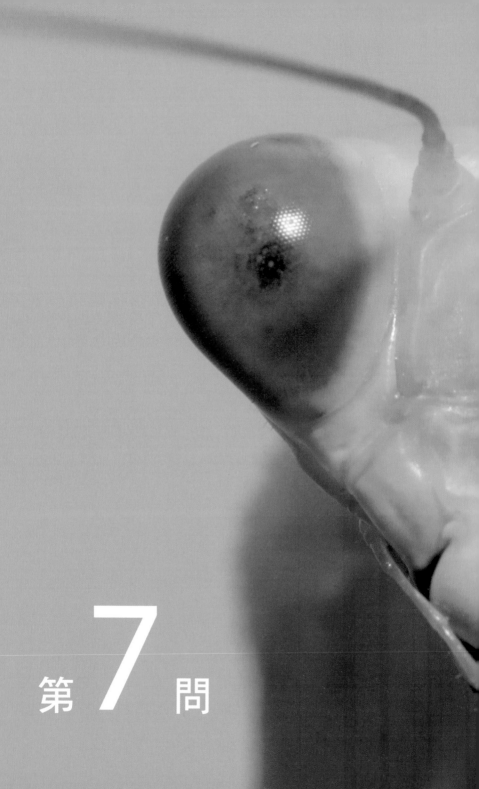

第 **7** 問

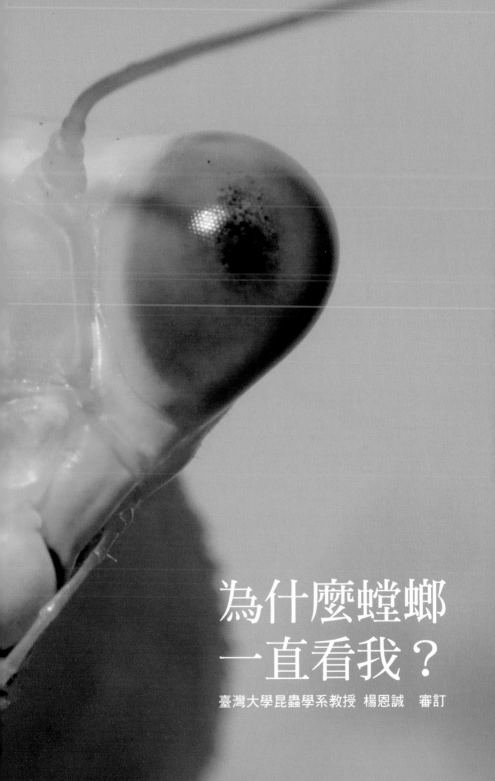

為什麼螳螂
一直看我？

臺灣大學昆蟲學系教授 楊恩誠 審訂

全世界目前已知約有 100 萬種昆蟲，這些昆蟲給人們印象多半是六隻腳著地而行，例如匍匐於地面的蟑螂螞蟻，即使有些昆蟲可以翩翩飛行，停棲時仍是匍匐之姿。而在這百萬種類中，約有 2400 種昆蟲特別不一樣，牠們彷彿獲得了不屬於螻蟻之輩的雙手，能夠高舉、揮舞，甚至祈禱；牠們昂首挺立，卻也能夠俯瞰地面的風景；牠們瞻前顧後，靈活的頭部讓牠們可以怒目橫視，也能夠驀然回首燈火闌珊處，是所有昆蟲中最具備人類站立形象的一群，牠們就是——螳螂！

飼養過螳螂、或是曾經仔細觀察過螳螂的人，一定都曾被螳螂特殊的「神情」所吸引。不管我們在牠們面前如何走動，總覺得螳螂的目光始終盯著我們不放，那對大眼睛中的黑色小眼珠永遠凝視著我們。有的人覺得像是被一雙眼睛隨時監視著，相當不自在；有的人則是感受到關愛和仰慕，感覺備受關注。不過我要跟大家坦言：覺得被監視的人，別擔心，螳螂沒那麼邪佞；覺得被關注的人，別太高興，螳螂沒有那麼貼心。

　　為什麼我敢這麼斷言？哺乳類與鳥類的眼珠具有「瞳孔」構造，用以接收光線且通常具有顏色，因此瞳孔所向之方即為目光所及之處，但是螳螂複眼上的黑色小眼珠既不是真正的眼珠，亦不具備瞳孔的功能，科學家稱這個會隨著觀察者移動的黑色區域為「偽瞳孔」。

4

5

1　驀然回首的蘭花螳。
2　向天祈禱的魏氏奇葉螳。
3　怒目橫視的刀螳。
4　高舉「雙手」的大魔花螳。
5　揮舞「手」的大異巨腿螳。

奇怪，它明明會靈活地咕嚕咕嚕轉呀轉的啊，為什麼這塊黑色區域不是瞳孔呢？與其說偽瞳孔是實際存在的「構造」，它更像是一種「光學現象」。而且這種光學現象並不是螳螂的專利，在許多具備複眼的生物，例如蜻蜓、蝴蝶等昆蟲，甚至是螃蟹、蝦子等節肢動物也有這種特殊現象。這個現象的成因，與每個「小眼」的構造息息相關。昆蟲的眼睛與我們脊椎動物的眼睛構造相當不同。以人類為例，我們的眼球受眼窩和眼瞼的保護，眼珠周圍附著肌肉與血管，透過肌肉牽引眼球轉動。可是昆蟲並不具有眼球、眼窩和眼瞼，牠們的眼睛稱為「複眼」。

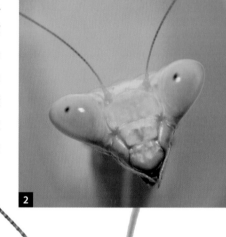

1　薄翅蜻蜓的偽瞳孔。
2　祕魯葉螳正面注視。
3　祕魯葉螳側面注視。
4　枯葉大刀螳的複眼特寫，可以看到一格一格的小眼。

昆蟲的複眼由許多個「小眼」(ommatidia) 組成，數量因種類而異，從幾百到上千不等，其中不乏稀奇古怪的眼睛。最特別的例子為一種姬針蟻，牠們的小眼堪稱最少的極端，頭部的兩側分別只有一顆「小眼」；與之相對，「小眼」數量極端多的代表則是蜻蜓，有些種類的左右眼加起來高達一萬顆。而在螳螂的世界裡，小眼的數量為數千個不等，例如成年中華大刀螳的兩顆複眼即由大約 7500 個小眼所構成 [44]。大多數昆蟲的小眼都是六邊形，彼此之間像蜂巢一樣緊密排列，這些小眼的表面被堅硬的幾丁質外骨骼所保護，無法獨立轉動，所以絕對不會有水汪汪的大眼珠子盯著我們轉來轉去啦。既然螳螂的眼睛不是能骨碌碌轉動的眼珠子，那黑色的偽瞳孔為什麼能跟著我們動來動去呢？

4

黑色是吞噬萬物的顏色

　　為了方便說明，我分別從偽瞳孔的特性「黑色」與「會跟著我們動來動去」來解釋。先從「黑色」開始。人眼之所以能夠看到五花八門的色彩，是因為光線照射於物體上後，物體吸收部分光線，再將特定波長經反射進入我們的瞳孔，例如葉子之所以呈現綠色，是因為它反射了綠色波段的光線。雖然螳螂複眼的色澤繁多，但無論是何種螳螂，呈現的偽瞳孔都是黑色。如果物體呈現黑色，意味著它吸收了大多數的光線，或是所反射的光線強度不足，導致幾乎沒有光線從物體反射後進入我們的眼睛。既然所有螳螂的偽瞳孔都呈現黑色，意味著「偽瞳孔」這一現象，可能代表螳螂們的複眼中有某種共通的構造，能將光線吸收殆盡，或是阻擋光線進入我們眼中。到底是什麼厲害的構造能辦到呢？

　　讓我們拿起超級放大鏡，逐一檢視螳螂偌大複眼上的一個個小眼，看看到底是哪個構造跟偽瞳孔的黑有關。小眼的主要構造大致分為：角膜（lens）、圓錐晶體（crystalline cone）、初級色素細胞（primary pigment cell）、次級色素細胞（secondary pigment cell）、視細胞（retinular cell）、視官柱（rhabdom）。目前科學家認為與

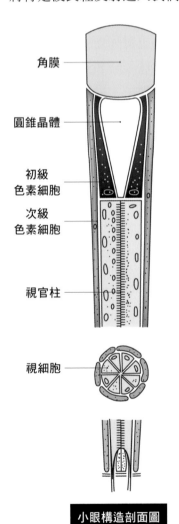

角膜

圓錐晶體

初級
色素細胞

次級
色素細胞

視官柱

視細胞

小眼構造剖面圖

偽瞳孔現象最直接相關的構造，就屬「色素細胞」[91]。色素細胞是做什麼用的呢？

　　光線穿過角膜後，在透明的圓錐晶體處折射。圓錐晶體的功能類似於我們的水晶體，周圍被「初級色素細胞」所包圍，初級色素細胞內有許多深色的色素顆粒，功能類似於「門簾」，可以吸收及遮蔽光線。大家可以把每一個獨立的小眼，想像成百貨公司裡一格格的小間更衣室，色素顆粒的功能就是負責將來自隔壁更衣室（小眼）的不速之客（光線）拒於門外，防止鄰近小眼之間的入射光線互相干擾，讓每個小眼裡負責接收光線的視官柱只「專注」於進入自己的光線，使小眼們的解析度提高[97]，這種複眼的構造常見於日行性昆蟲，稱為並列眼（apposition eyes）。偽瞳孔便是從初級色素細胞吸收、遮蔽光線的功能衍生而來的現象。

　　在初級色素細胞吸收、阻擋了光線後，導致幾乎沒有光線從小眼深處反射進入我們的眼睛，再加上較為透明的角膜和圓錐晶體所反射的光線有限，因此映入我們眼簾的小眼就會呈現黑色，而這個黑色就是所謂的「偽瞳孔」[31]。

瘤刺螳的複眼末端有尖銳的突起物，雖然也是黑色的，但上面並沒有小眼，因此並不具備視覺功能。

全自動追蹤導航系統

　　說穿了，偽瞳孔不就是初級色素細胞這一特殊「構造」所呈現的顏色嗎？為何說它是一種「現象」而非「構造」呢？如果把偽瞳孔直接視為初級色素細胞，那答案只對了一半，其中還有一個非常關鍵的邏輯缺陷還沒解決！而這個問題的答案，正是呼應我前面提到偽瞳孔的第二個特性：會跟著我們動來動去。

　　假設初級色素細胞這一構造所產生的「黑」，就是我們口中的偽瞳孔，那照理說每個小眼之中都具備色素細胞，理論上我們看到的昆蟲複眼，應該要整顆都是黑色的，但為何實際上黑的部分只有一點點呢？

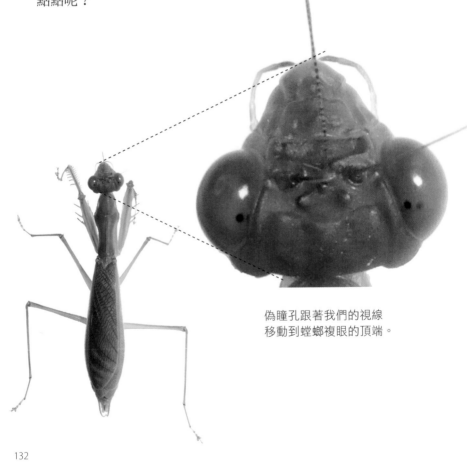

偽瞳孔跟著我們的視線
移動到螳螂複眼的頂端。

那是因為我們看到的，僅僅是偌大複眼中的一小部分初級色素細胞！數以百千計的小眼構成了球體狀的複眼，每個相鄰的小眼之間都有些微的角度差，當我們看向複眼時，有一部分小眼會恰好正對著我們，此時，我們的視線會與這一部分小眼的「視軸」幾乎完全平行，彷彿這些小眼也在盯著我們。偽瞳孔現象所呈現的黑色，正是這些小眼裡，吸收了光線的初級色素細胞。而原本應該來自周圍其他小眼的光線，也因為初級色素細胞的阻擋，難以傳到我們的眼中。這是為何不論我們換什麼角度看，偽瞳孔都會跟著我們移動，而且永遠出現在面向我們的位置[31;96]，因為只有我們與小眼正面對視時，才看得到藏於其中的初級色素細胞。

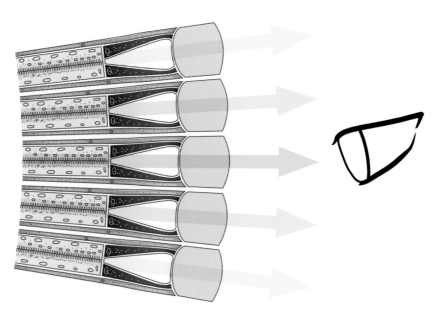

視軸與我們視線越是平行的小眼，初級色素細胞也越明顯。

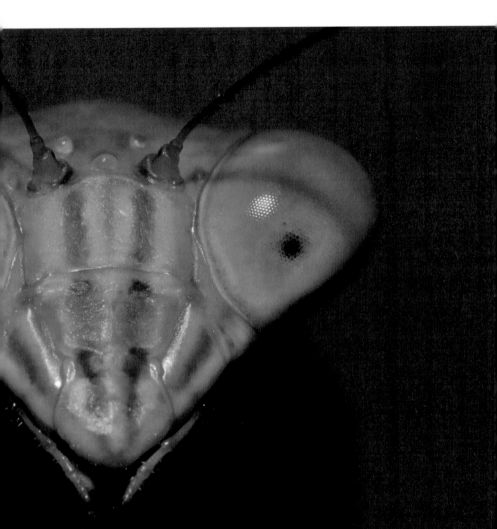

　　當我們仔細觀察偽瞳孔，會發現偽瞳孔中心通常顏色比較深，靠近外圍之處則會逐漸變淡，但黑色部分與其他顏色的交界地帶並不是壁壘分明。越深色的地方，代表我們看到的初級色素細胞越多，而外圍的淡黑色區域，則是由於我們的視線與小眼視軸之間有些微角度差，導致我們只看到那些小眼中一部分的初級色素細胞，因此顏色會比偽瞳孔中心地帶更淺。

問題來了，為什麼偽瞳孔以外的地方是淺色的？這些淺色區域又是什麼構造呢？這些顏色的來源是另一種色素細胞：次級色素細胞[96]。螳螂的每一顆小眼，都被一整圈的次級色素細胞包裹，數量多到讓它們成為複眼的主色調。次級細胞的顏色種類繁多，造就了螳螂五花八門的複眼顏色。例如蘭花螳的白色、寬腹斧螳的綠色、黃花螳的淺黃色、枯葉螳的棕色、豹螳的青藍色，或是全黑的金屬螳。但螳螂的複眼顏色不全然是一體成形，有些螳螂的複眼會呈現不同顏色的區域，例如小魔花螳的縱向淺棕色色帶、樹皮螳和攀螳複眼下半區的橫向深色區域[註1]。

金屬螳的黑色複眼。

註 1　這種複眼有明顯顏色分區的原因，或許和蜻蜓類似。蜻蜓複眼的上半區和下半區不僅顏色不同，對於不同光線的敏銳度也不一樣[57]。上半區對於藍色、紫色的光線較為敏感，主要負責偵測來自天空的光線；下半區對綠色、黃色的光線較為敏感，主要用於辨別地表景觀。但目前有關於螳螂複眼顏色分區的研究仍然非常缺乏，其功能尚未被確認。

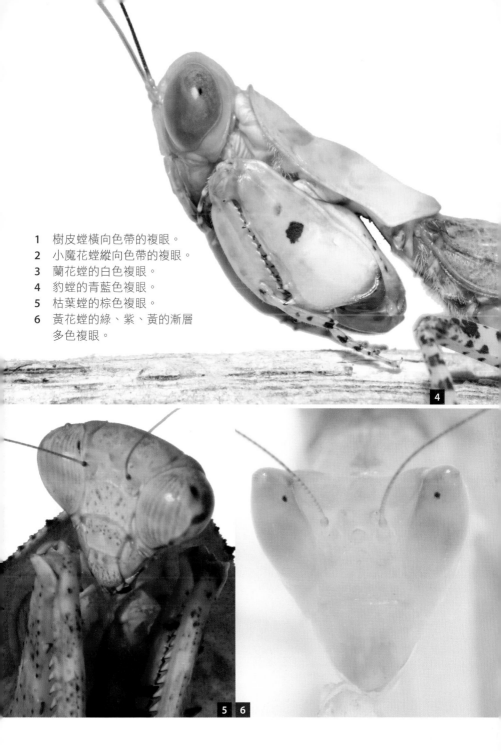

1　樹皮螳橫向色帶的複眼。
2　小魔花螳縱向色帶的複眼。
3　蘭花螳的白色複眼。
4　豹螳的青藍色複眼。
5　枯葉螳的棕色複眼。
6　黃花螳的綠、紫、黃的漸層
　　多色複眼。

螳螂都是天生的異色瞳？

　　有趣的是，螳螂的複眼顏色並非一成不變。如果大家曾經照三餐觀察過螳螂，一定會注意到牠們的複眼早晚顏色不同！如果是擁有淺綠色複眼的螳螂，晚上時眼睛很可能呈現墨綠色；淺棕色複眼的螳螂，到晚上就可能變成深棕色。複眼顏色的轉變，通常是該色系從淺到深的變化。猜猜看，蘭花螳的白色複眼到晚上會變成什麼呢？答案是紫色！螳螂複眼的顏色變化，可說是飼養與觀察螳螂的一大樂趣。為什麼螳螂的複眼會變色？色素細胞又在其中扮演什麼角色呢？

　　白天，色素細胞可以充當「門簾」，避免小眼之間的光線互相干擾。到了夜晚，自然界中夜晚的光線只有滿天星斗和皎潔月光，光線已經非常不充足了，也就沒有了避免光線干擾的需求。

　　雖然螳螂複眼色素移動的確切機制尚未被完全破解，但科學家對照其他昆蟲複眼的色素移動機制，以及觀察螳螂自身複眼的生理結構後推斷：到了入夜時分，初級色素細胞會逐漸往複眼表面移動[91]。原本分隔小眼的「門簾」被拉起，讓光線可以最大程度進入複眼，以增加複眼在夜間微弱光線下的解析度。

色素遷移影片連結

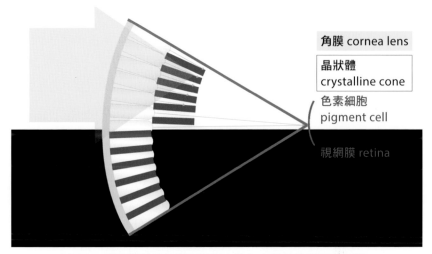

白天時，螳螂複眼的色素可以阻止進入小眼的陽光互相干擾。

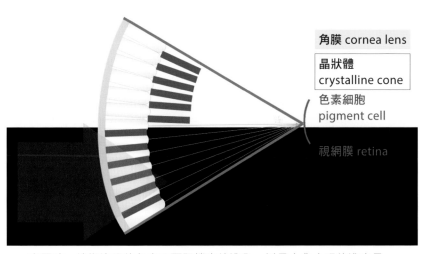

夜間時，螳螂複眼的色素不再阻擋光線進入，以最大化小眼的進光量。

科學家同時發現，我們熟知的寬腹斧螳入夜後對於假獵物的反應也最為激烈[91]。這種色素移動（pigment migration）的特殊能力，讓螳螂在夜間的微光下也能偵測並狩獵。明明擁有的是日行性昆蟲的眼睛，卻同時兼具夜視功能，這也呼應了我在野外的觀察結果，不管白天或晚上，都可以在野外發現正在捕捉獵物的螳螂喔。

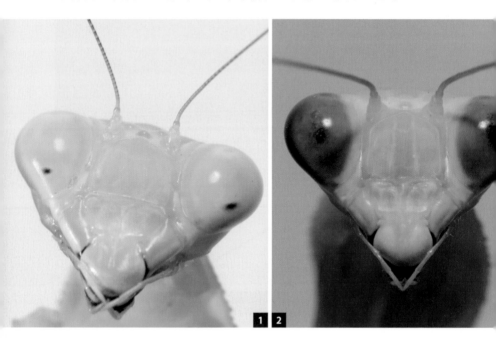

1 **2**

1　寬腹斧螳早上的複眼。
2　寬腹斧螳晚上的複眼。
3　蘭花螳早上的複眼。
4　蘭花螳晚上的複眼。
5　大魔花螳早上的複眼。
6　大魔花螳晚上的複眼。

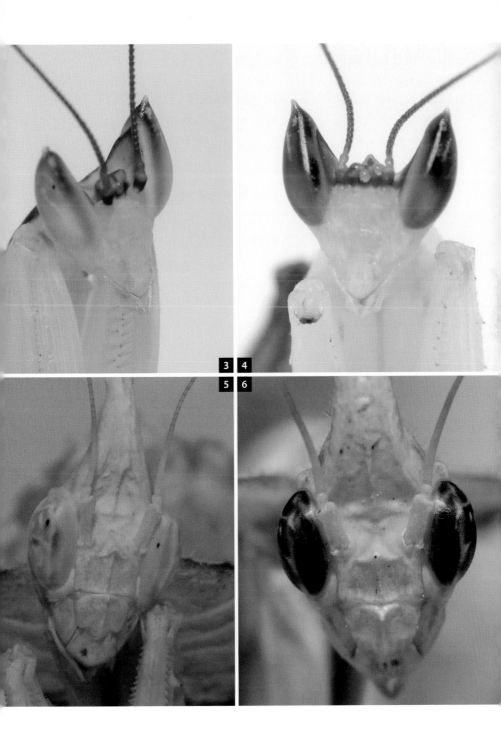

偽瞳孔的消失

　　總結一下，「偽瞳孔」是一種光學現象，是由於我們的視線與螳螂的幾個小眼成一直線，再加上小眼中的色素細胞吸收了部分光線，使得這幾個小眼幾乎沒有光線反射進入我們的眼睛，因此呈現黑色。既然偽瞳孔現象是源自活生生的細胞，因此在螳螂死亡後，複眼會先緩慢地轉趨深色，接著偽瞳孔會隨著複眼中的色素細胞慢慢凋亡而消散，最終留下透明的外骨骼。因此所有的昆蟲標本都看不到偽瞳孔現象。如果要為這種美麗的現象下一段結語，我想引用尼采在《善惡的彼岸》中的名句：「當你遠遠凝視深淵時，深淵也在凝視你。」

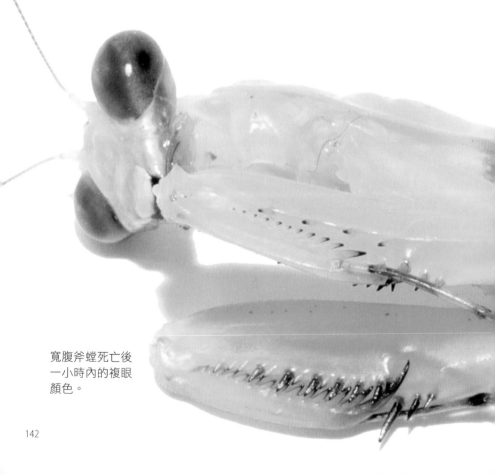

寬腹斧螳死亡後一小時內的複眼顏色。

雙眼異色的蘭花螳

　　這是一隻蘭花螳雄成蟲，為什麼牠的兩個複眼會呈現不同顏色呢？難道是傳說中的異色瞳嗎？請根據上述的文章所描述的原理，推理看看為什麼會出現這種現象？

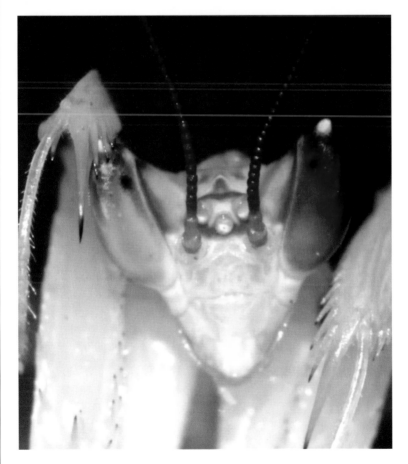

答案：可能是因為這隻螳螂其中一側複眼的細胞已經壞死，也許外一側還沒，因此出現了與藍色素細胞光同步的狀況。

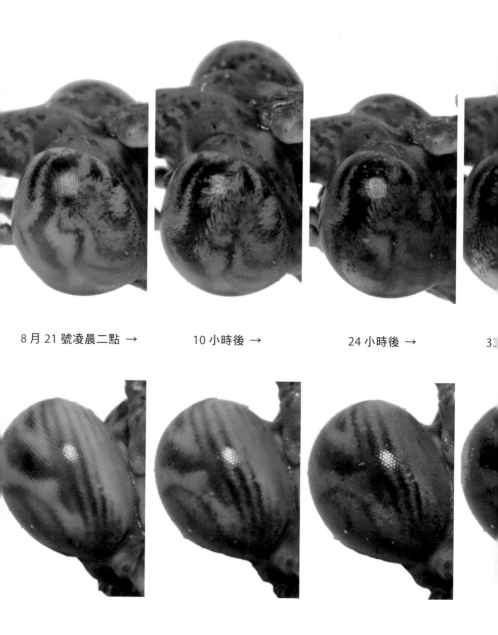

8 月 21 號凌晨二點 →　　　10 小時後 →　　　24 小時後 →　　　33

角胸奇葉螳死後三日內複眼色素顏色變化

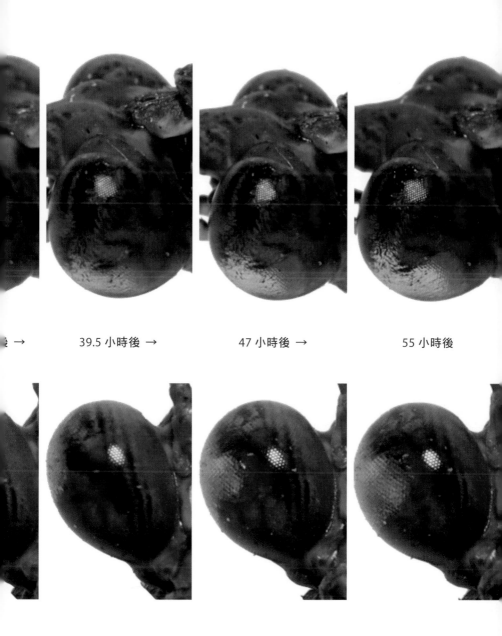

→　　　　　39.5 小時後 →　　　　　47 小時後 →　　　　　55 小時後

第 **8** 問

螳螂有耳朵嗎？

「池塘邊的榕樹下，知了在聲聲叫著夏天」，無數人童年記憶裡，夏天的蟬鼓譟著——屬於青春的嘈雜，被羅大佑短短一句歌詞近乎完美地詮釋。牠們竭盡所能演奏著求偶的樂章，這些音符都只為博得美人，也就是雌蟬的關注。既然台上有演奏者，台下必然有「聽」眾。沒錯，昆蟲也有耳朵喔。不過牠們的耳朵跟我們哺乳動物或其他脊椎動物的都非常不一樣，更準確一點來說，昆蟲的耳朵應該稱為「聽器」。

人類能聽到的大多數聲音都是藉空氣傳導的聲波振動。聲波傳入人的耳朵後，會進入一個看起來像蝸牛的構造，稱為「耳蝸」，這時聲波的振動衝擊著耳蝸，使耳蝸內的體液（淋巴液）也隨之振動，耳蝸內細小的毛細胞也會隨著體液的振動而擺盪彎曲。藉由毛細胞彎曲的幅度、方向、頻率的不同，我們的大腦就可以判斷出聲音的強弱、遠近、高低，這就是我們聽到聲音的主要方式。那昆蟲呢？

昆蟲聽器的構造

如果依照接收聲音的構造來區分，昆蟲的聽覺器官可以粗分為兩大種，一類是感覺毛（antennal ear），另一類是鼓膜耳（tympanal ear）。是的你沒有看錯，並不是長得像耳朵的構造，才能叫做聽覺器官，昆蟲的「毛」是可以聽聲音的！感覺毛的偵測頻率通常在1000 赫茲以下，較擅長感受短距離的空氣振動 [17;77;103]。例如螞蟻缺乏鼓膜耳，牠們偵測聲音的方式以觸角上的毛狀感覺器（trichoid sensilla）為主，主要用來感受周遭同伴所發出的訊號 [37]。

鼓膜耳的偵測頻率則高得多，最高甚至可以到 30 萬赫茲 [76]，較適合偵測長距離的聲音 [41]。夏天喧嘩的蟬就屬於典型的「鼓膜耳」。鼓膜耳主要由三個部分所構成：鼓膜（tympanum）、氣管囊（trachael sac）和鼓室器官（tympanal organ）[112]。

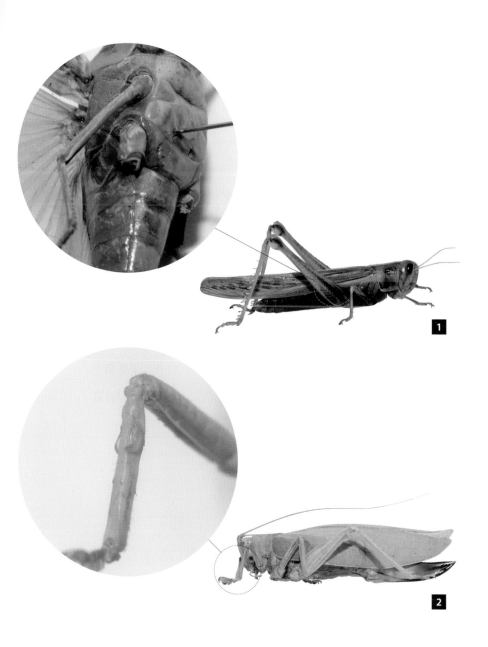

1　蝗蟲的鼓膜耳位於胸部與腹部的交界處，鼓膜為半透明。
2　螽斯的鼓膜耳位於前腳的脛節，外觀上由兩個半月型隆起的體壁所組成。

鼓膜是一層非常薄的表皮，當聲波隨著空氣抵達鼓膜，鼓膜隨之產生振動，並將振動傳遞到位於鼓膜內側的氣管囊。許多昆蟲的氣管囊可以扮演類似於音箱的角色，放大音量以提高聽覺的靈敏度。接著，振動隨著氣管囊傳遞至鼓室器官，鼓室器官中有許多弦音感受器（chordotonal sensilla），負責將振動的機械性訊號轉換為神經訊號，再經由神經將訊息送到大腦。我們熟知的螽斯、蝗蟲、蟋蟀、蟬等在夏秋嘈雜不休的昆蟲，都屬於鼓膜耳，本書的主角螳螂也是鼓膜耳。

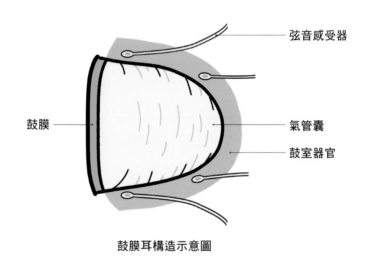

鼓膜耳構造示意圖

弦音感受器

鼓膜

氣管囊

鼓室器官

放眼昆蟲，甚至是所有陸生動物，螳螂的鼓膜耳可說是非常特別的存在。大多數昆蟲的聽器都是兩個，也就是成對的，大多數的螳螂雖然也具備兩片鼓膜，卻只有「一個」聽器。牠們同時也是已知的陸生動物中，唯一擁有一個耳朵的生物[112]。更讓人匪夷所思的是，不同類群的螳螂，耳朵的數量竟然不一樣，有些種類甚至沒有耳朵。這些沒有耳朵的螳螂分布於美洲地區，主要集中於南美洲，是荊螳總科（Acanthopoidea）的成員，其下包含八個科。註1；87。

不具備聽器的天使螳，攝於巴西瑪瑙斯。

註 1　不具備聽器的螳螂：細足螳科（Thespidae）、天使螳科（Angelidae）、截翅螳科
　　　（Coptopterygidae）、攀螳科（Liturgusidae）、亮螳科（Photinaidae）、狹葉螳科
　　　（Stenophyllidae）、矛螳科（Acontistidae）、荊螳科（Acanthopidae）。

不過光是沒有耳朵還不夠稀奇，在一眾親朋好友、遠親近鄰都只有一個耳朵的情況下，有些螳螂居然唐突地長了兩個耳朵！花螳亞科正是螳螂之中，極其少數擁有「兩個聽器」的類群，我們熟知的蘭花螳螂及與之齊名並列「三花」的刺花螳螂，都屬於擁有雙耳的花螳亞科的一員[110]。綜觀昆蟲世界，目前已知的螳螂只有 2400 多種，種類數量算是非常稀少，卻竟然可以看到有耳、無耳、雙耳的種類並存，多樣性可以說相當的高。更特別的是，即使是同一種螳螂，男生和女生的耳朵有可能會不一樣[109]！如此特別的耳朵會長什麼樣子呢？到底是什麼奇怪的聽器構造，可以允許 2400 種螳螂的耳朵在長與不長、甚至多長之間反覆橫跳呢？

1

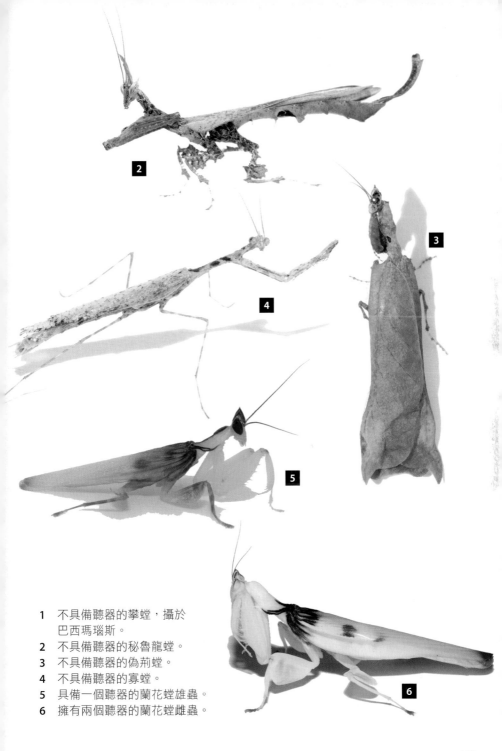

1 不具備聽器的攀螳，攝於
  巴西瑪瑙斯。
2 不具備聽器的秘魯龍螳。
3 不具備聽器的偽荊螳。
4 不具備聽器的寡螳。
5 具備一個聽器的蘭花螳雄蟲。
6 擁有兩個聽器的蘭花螳雌蟲。

螳螂的五種耳朵

　　不同於我們對於哺乳動物耳朵又長又突出的想像，螳螂的耳朵是「凹」進去的，牠們的鼓室耳位於後胸的腹側，包含兩腿之間的狹縫深溝處，以及在狹縫兩端由表皮延伸的突起物。狹縫兩側的體壁中各包含一個鼓膜，這兩個鼓膜彼此斜向相對，形成一個深溝，其間隔僅 100 到 200 μm。不要小看這不起眼的深溝，它與鼓膜所形成的聽室（auditory chamber），也是聽覺系統的一個重要構造。這個聽室可以發揮類似於音箱的功能，使螳螂聽力的靈敏度上升約五分貝，幾乎翻了一倍 [107] ！當聲音抵達螳螂耳朵時，左右兩個鼓室會經歷相同的壓力變化，因此螳螂的聽覺系統缺乏方向性 [107; 108]。

　　科學家比較了 180 個屬的螳螂，耳朵長度平均落在 1.47（± 0.46）毫米 [113]。有趣的是，螳螂耳朵的大小不太會與體長成比例地增加，體型越大的種類，耳朵通常相對比例上越小。大型螳的耳朵，最小的只有後胸長度的 18％，小型螳的耳朵最大的卻可以達到後胸長度的 53％。例如體長 25 毫米的渺螳，耳朵深溝長 0.6 毫米；而比牠大三倍有餘、體長 85 毫米的澳洲寬腹斧螳，其耳朵深溝僅長 1.3 毫米。

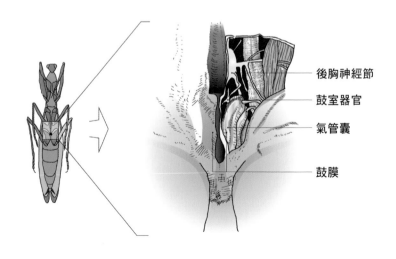

後胸神經節

鼓室器官

氣管囊

鼓膜

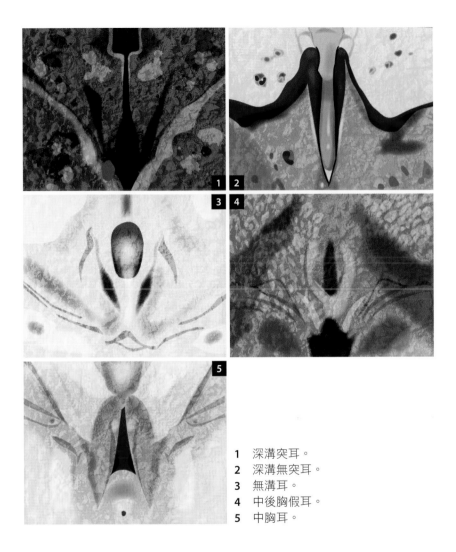

1 深溝突耳。
2 深溝無突耳。
3 無溝耳。
4 中後胸假耳。
5 中胸耳。

　　牠們的耳朵大致可分五大類[113]：深溝突耳（Deep groove and prominent knob〔DK〕）、深溝無突耳（Deep groove, no knobs〔DNK〕）、無溝耳（Deep groove opened〔DO〕）、中胸耳（mesothoracic〔MESO〕）和中後胸假耳（mesothoracic and metathoracic segments similar〔MSMT〕）。

　　是不是非常複雜啊？別擔心，讓我來一一為大家介紹耳朵！

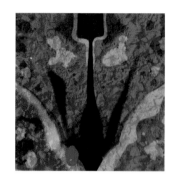

　　大多數螳螂都屬於深溝突耳，這種耳朵對於超音波最為敏感，是螳螂目之中最常見的耳朵類型。而且只要是有耳朵的雄螳螂，幾乎清一色都屬於深溝突耳。其前端有由兩個表皮突起增生的耳凸（knob）劃分，兩個耳凸幾乎相黏在一起，中間形成深深的狹縫。

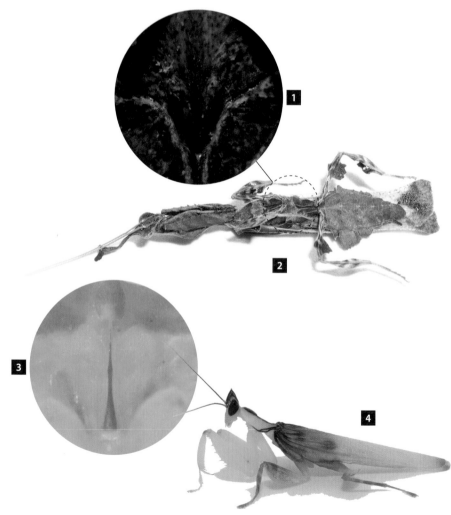

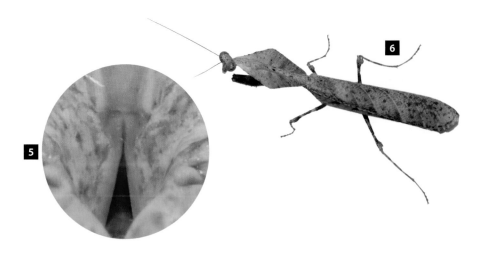

1 幽靈枯葉螳雄蟲的深溝突耳。
2 幽靈枯葉螳雄蟲。
3 蘭花螳雄蟲的深溝突耳。
4 蘭花螳雄蟲。
5 菱背枯葉螳雄蟲的深溝突耳。
6 菱背枯葉螳雄蟲。
7 長頸螳雄蟲的深溝突耳。
8 長頸螳雄蟲。

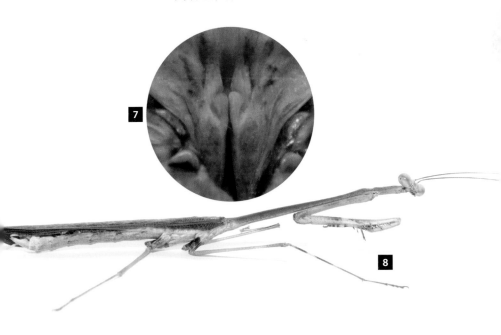

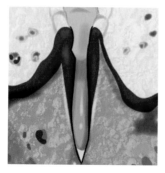

　　與深溝突耳較為接近的，還有深溝無突耳和無溝耳。這三者的外觀形態之間，存在著漸進式的變化關係。深溝突耳與深溝無突耳較為接近、而深溝無突耳與無溝耳兩者也較為接近，兩兩相近的組合之中，也存在著許多形態介於兩者之間的過渡型。不過它們之間有個非常大的區別，比起敏銳的深溝突耳，深溝無突耳和無溝耳雖然有些許聽力，卻非常不敏感。大部分無溝耳的種類，需要音量大到 95 分貝以上才有反應，而無溝深突耳則不需要那麼大聲，但平均而言也需要超過 70 分貝才會有反應，並且對於低頻率（3000 赫茲以下）較為敏感。此外，無溝突耳大多出現在雌蟲，雄蟲則幾乎沒有。

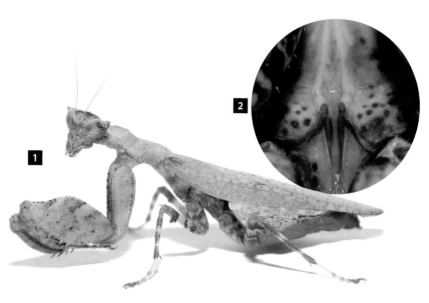

1　東非拳擊螳雌蟲。
2　東非拳擊螳雌蟲的深溝無突耳。
3　勾背枯葉螳的深溝無突耳。
4　勾背枯葉螳。

5　幽靈螳雌蟲的深溝無突耳。
6　幽靈螳雌蟲。
7　長頸螳雌蟲。
8　長頸螳雌蟲的深溝無突耳。

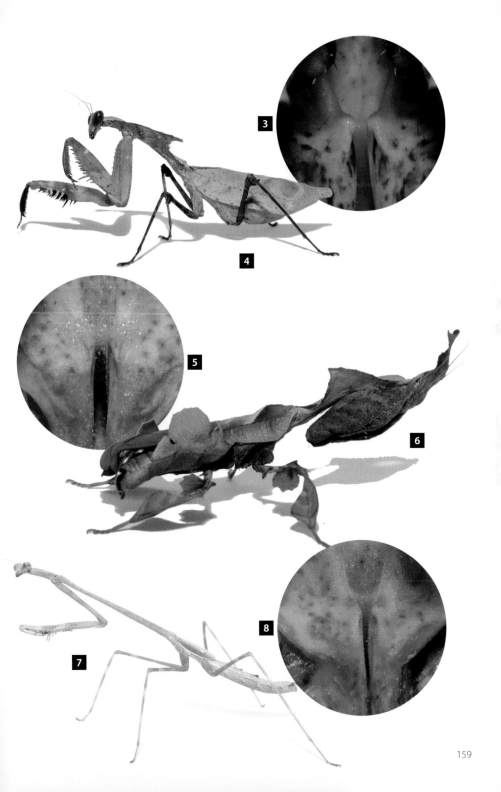

3

4

5

6

7

8

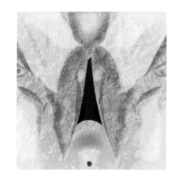

中胸耳很難通過外部形態與其他耳朵做區隔，但是中胸耳對低頻率的聲音較為敏感，這種耳朵出現在許多花螳科成員身上，例如蘭花螳和巨腿螳。有些種類則零星散布在各個類群，例如枯葉螳科的長頸螳、螳科的斑光螳、錐螳科的錐螳等等。

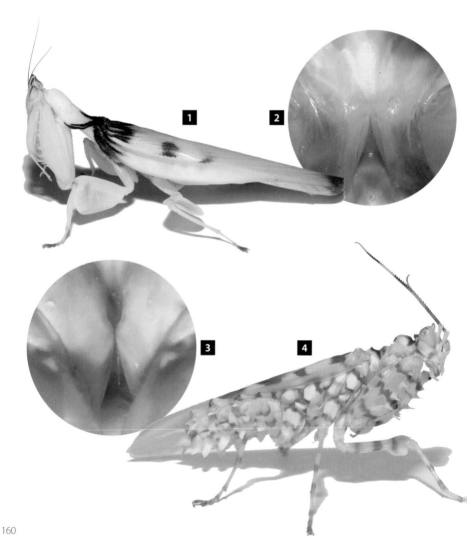

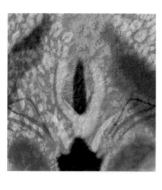

最後是中後胸假耳，它其實不具備聽覺功能，完全沒有聽室，在狹縫的兩側有與體軸方向垂直的耳杆（rod）。科學家認為中後胸假耳是較為原始的耳朵，可以在金屬螳、缺爪螳、似螳等種類身上發現，也出現在許多美洲地區的種類身上，例如荊螳、攀螳、天使螳等。

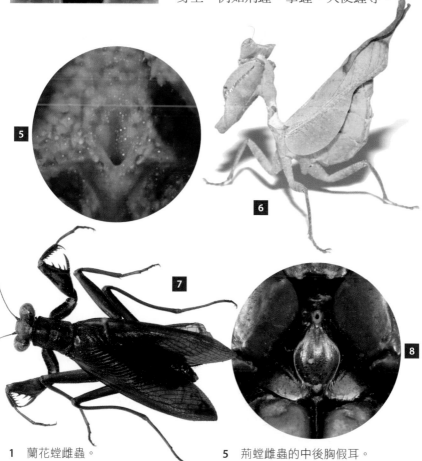

1 蘭花螳雌蟲。
2 蘭花螳雌蟲的中胸耳。
3 刺花螳的雌蟲的中胸耳。
4 刺花螳的雌蟲。
5 荊螳雌蟲的中後胸假耳。
6 荊螳雌蟲。
7 華麗金屬螳雄蟲。
8 華麗金屬螳雄蟲的中後胸假耳。

耳朵的功用：偵測蝙蝠

多數會唱歌的昆蟲，例如蟬和螽斯，耳朵的功能非常明顯，就是要聽到同類或是異性的歌聲，主要用途是求偶。而依據目前的資訊，螳螂的耳朵並不具備求偶相關的功能，畢竟我們都聽過蟬唱歌，但應該沒有人聽過螳螂唱歌吧？既然螳螂不唱歌，那牠們沒事長耳朵做什麼呢？現在多數科學家都同意，螳螂的聽覺系統最主要的功能是偵測蝙蝠的超音波！

蝙蝠是螳螂在夜間很重要的天敵，而蝙蝠會透過發射超音波，以回聲定位的方式來探測環境。螳螂則在聽到超音波後，展開一系列的逃命行動，而逃命行動只有在螳螂飛行的過程中聽到超音波才會啟動。由於許多種類的雌蟲飛行能力差，或是聽覺較差，如深溝無突耳，因此過去的資料大多收集自雄蟲。在極端少數的情況下（小於1％），蝙蝠的超音波會使螳螂的飛行停止。大多數情況下（80-85％），逃命的行為模式包含四種要素，依照表現順序為：前足伸展，頭部轉動，翅膀拍動方式改變，腹部向背側彎曲[註1]。展現這四要素之後，螳螂會快速轉彎，或螺旋下墜俯衝，以避開蝙蝠的超音波偵測。在研究人員的實驗中，具有聽力的螳螂有76％的機會逃離蝙蝠攻擊，不具備聽器的「聾子」螳螂卻只有34％的機會逃脫[101]。可見螳螂的耳朵真的是用來對抗蝙蝠獵殺的一大利器！

然而，我們不能說螳螂的耳朵是「為了」偵測超音波、進而躲避蝙蝠而生。怎麼那麼奇怪呢？根據目前的化石證據，具備聽力的螳螂應發源於白堊紀早期[99;114]，約1億2000萬年前。但目前已知最早的蝙蝠化石是芬氏爪蝠，出土於美國懷俄明州的綠河地層，這種蝙蝠生活在始新世（Eocene）早期，約5200萬年前，並且應該已經具備回聲定位的能力[2;94]。蝙蝠出現的時間遠比單耳螳螂的出現

註1 不同物種間，逃命行為四種要素的表現程度會有差異。如斧螳的頭部轉動幅度很小；腹部較寬或豐滿的種類，腹部背向彎曲程度則較低。

晚非常多，遲了將近 5000 萬年。因此，螳螂的耳朵並不是「為了」防範蝙蝠的攻擊而出現的構造，而是可能肇因於其他未知的原因，例如：交流、獵物探測或躲避其他種類的捕食者。「能夠聽到超音波、並由此來規避蝙蝠」的功能，可能是在始新世之後才逐漸演化出來的特殊能力。由此可見蝙蝠給予螳螂的獵食壓力非常大，讓原本不是拿來聽蝙蝠超音波的聽覺器官，硬生生「長」出全新功能來對付天敵，也讓千萬年後的我們得以一窺大自然中掠食者與獵物的頂尖對決！

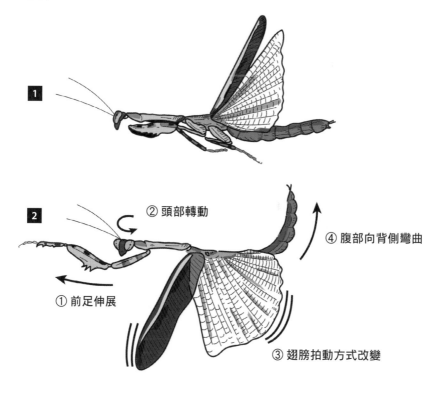

1

2

② 頭部轉動

④ 腹部向背側彎曲

① 前足伸展

③ 翅膀拍動方式改變

1　正常飛行姿態的非洲芽翅螳。
2　偵測到超音波並做出反應的芽翅螳。

第 **9** 問

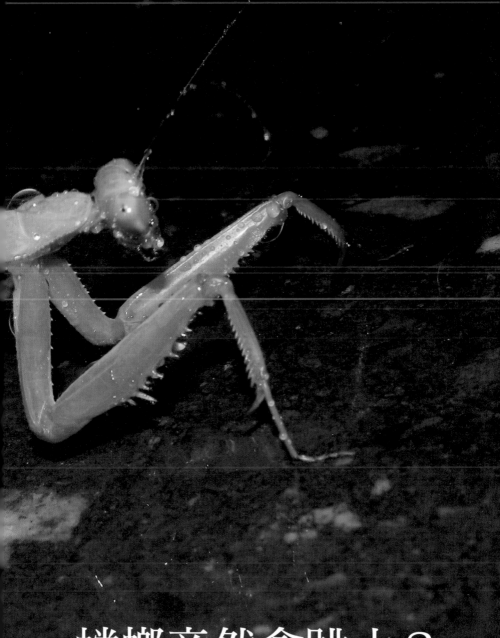

螳螂竟然會跳水？

臺灣大學昆蟲學系助理教授 邱名鍾　審訂

螳螂雖然是昆蟲世界裡數一數二的掠食者，但在危機四伏的大自然中，牠們依然有許多天敵，例如從天而降的鳥類、飢腸轆轆的蜥蜴等。螳螂面臨掠食者襲擊時，牠們可能會奮力反擊以抓住任何一線生機。可是有一類特殊的天敵，牠們來無影去無蹤，體型雖小但螳螂幾乎沒有還手機會。牠們從水中誕生，卻以陸地上生物為燃料，神不知鬼不覺間便將螳螂納為己有，這群高深莫測的天敵就是「鐵線蟲」。

　　這個厲害的鐵線蟲是何許人呢？ 2012 年有一部韓國電影《鐵線蟲入侵》，片中虛構了一種被基因改造的特殊鐵線蟲，可以寄生於人體。被寄生的人在感染初期的食慾會變好，並且時常感到口渴；

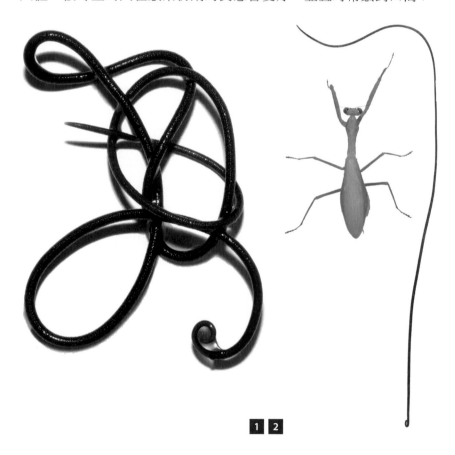

1 2

感染中期會異常渴望喝水，拚命攝取大量水分；感染後期會不由自主地接近有大量水源的地方，例如河川與溪流，最終投入水中一命嗚呼。這些症狀並非憑空杜撰，電影中受感染的人們彷彿被操控的行屍走肉，無法控制自己而奔向水域的橋段，就是參考了真實世界中鐵線蟲對於螳螂的影響。這種奇怪又特殊的生物究竟是怎麼被人類發現的呢？

1　臺灣索鐵線蟲。
2　臺灣索鐵線蟲與臺灣巨斧螳雌成蟲的大小關係。
3　從螳螂肚子裡取出的鐵線蟲。以類似蚊香的形狀藏於螳螂腹中。

在那個交通工具主要是馬車的時代，馬廄的飲水槽中經常有黑色、細長的不明物體動來動去。當時的人以為這些酷似馬兒鬃毛的不明物體是馬的毛髮掉落水槽後轉變為有生命的動物，因此將這種動物稱為馬尾蟲（Horsehair worm），甚至以此作為「神創論」的佐證，認為生命是由上天創造、可以無中生有。當然，拜科學家前仆後繼的努力所賜，我們現在都知道鐵線蟲的出現並非無中生有，可是這在一百年前那個連網路都沒有的時代，他們是如何打破「馬尾蟲」的迷思呢？

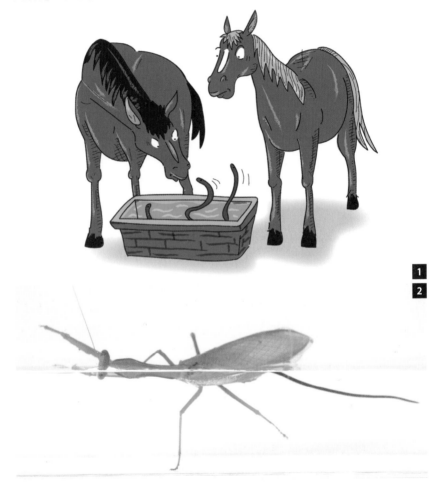

1
2

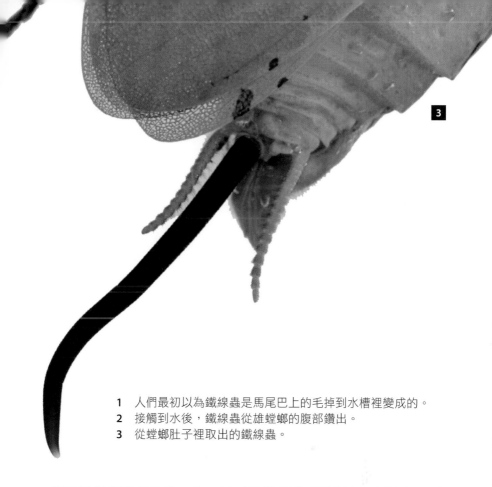

1　人們最初以為鐵線蟲是馬尾巴上的毛掉到水槽裡變成的。
2　接觸到水後，鐵線蟲從雄螳螂的腹部鑽出。
3　從螳螂肚子裡取出的鐵線蟲。

　　觀察是科學發現的第一步。只要稍微花點時間觀察，便能輕易證實若只是把斷掉的馬兒鬃毛泡進水裡，並不會轉變成鐵線蟲[60]，檢驗這個迷思的科學家甚至說道：「有點不好意思告訴各位，我確實做了這個實驗，而我相信應該不必向各位報告這個實驗的結果。」那牠們到底從何而來？環顧馬廄，水槽中有不少落水淹死的昆蟲，數量多得看起來不像是意外失足，這點不尋常自然引起了科學家的好奇心。他們最後終於發現了這兩個現象的關聯性，原來鐵線蟲是從落水昆蟲的肚子裡鑽出來的，其中也包含了螳螂。這項發現直接粉碎了鐵線蟲是由無生命之物轉變而來的傳說，既然本是有生命之物，那牠們從何而來？又要往哪裡去呢？

科學家持續觀察水槽中的鐵線蟲，約莫過了一周左右，原本互相纏繞、游移的鐵線蟲們逐漸趨於靜止、失去生氣，牠們的生命已然來到了終點。取而代之的是，水槽中多了一些鼻涕般的白色黏稠物。這些黏稠物被科學家放到顯微鏡下一看，竟然是一團團彷彿是青蛙下蛋的卵囊，又經過一個多月的耐心等待，孵化出許多小型蠕蟲狀的生物，可是這些生物長得有點奇怪，有著長長尖尖的口器和觸鬚[61]。19 世紀中的科學家所觀察到的現象已經接近現今對鐵線蟲的了解。這些剛出生的鐵線蟲寶寶看起來跟外表簡單且細長的鐵線蟲大相逕庭，若非親眼見到鐵線蟲產下這些黏稠物，實在很難想像兩者之間有親屬關係。問題來了，顯微鏡下僅僅數微米的鐵線蟲寶寶，到底怎麼變成 20 多公分長的鐵線蟲呢？

1　形似鼻涕的鐵線蟲卵囊。（邱名鍾 攝）
2　電子顯微鏡下放大 60 倍的鐵線蟲卵囊。（邱名鍾 攝）
3　電子顯微鏡下放大 1000 倍的鐵線蟲卵囊與寶寶。（邱名鍾 攝）
4　複式顯微鏡下的鐵線蟲卵囊與寶寶。（邱名鍾 攝）

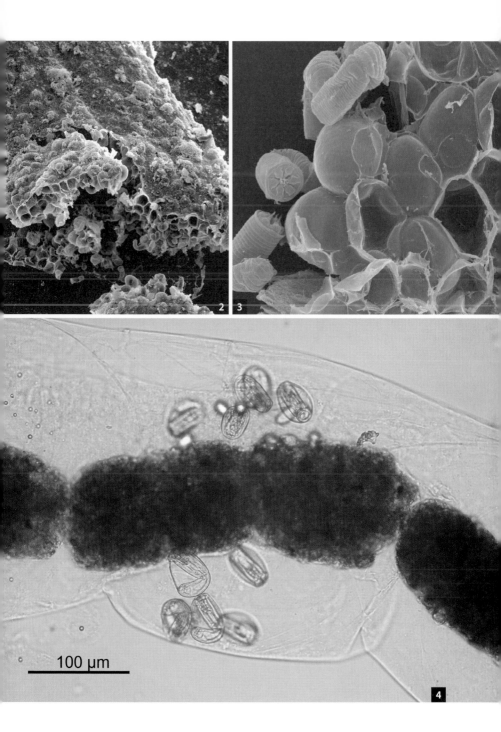

100 µm

鐵線蟲生活史破解實驗

　　既然鐵線蟲是從昆蟲的肚子鑽出再進入水中，科學家合理懷疑鐵線蟲的小時候應該也是寄生於昆蟲肚子裡，透過竊取昆蟲的營養維生，類似蛔蟲從人類的腸道汲取養分。可是渺小的鐵線蟲寶寶是如何從水中進入昆蟲的腸道呢？科學家推測，移動能力極差的小鐵線蟲應該無法「主動」鑽入倒楣的昆蟲體內，不過既然牠們是從水中誕生，會不會是被昆蟲給「喝」下去的？

　　他們決定檢驗這個想法。科學家從白色黏稠物蒐集了一些鐵線蟲卵，並在卵孵化成鐵線蟲幼蟲後把牠們裝入針筒，透過注射的方式，將幼蟲從蟋斯的嘴巴及腹部送入蟋斯的體內，看看鐵線蟲幼蟲能否寄生在蟋斯身上。結果在參與實驗的 64 隻蟋斯中，大約 1/4 的個體成功被感染[71]，代表鐵線蟲幼蟲確實是有可能被昆蟲給「喝」下去。不過這看似成功的實驗結果，卻有一個致命的缺陷。螳螂和蟋斯都是生活於陸地上的昆蟲，鐵線蟲的幼蟲則是誕生在水域，難道螳螂和蟋斯會特地跑到小河或池塘邊喝水，再把鐵線蟲喝下肚嗎？顯然是不太會，那水中的鐵線蟲如何感染陸地上的昆蟲呢？

　　這個問題困擾了科學家許多年，成熟的鐵線蟲雖然又硬又長，但是行動極為緩慢，因此絕對不可能是在成體階段鑽入敏捷的蟋斯和螳螂體內。雖然前面的實

驗證實了幼體的階段鐵線蟲可以進入昆蟲體內慢慢發育，但是離開了水便失去生氣的鐵線蟲幼蟲是如何成功登陸的呢？大概只能搭便車吧！不過如何搭好便車是一門學問，該怎麼搭才不會造成司機的困擾，進而被趕下車呢？最直觀又簡單的方式，大概就是讓司機把自己給吃了！

如果能夠讓自己「不小心」被司機吃進去，還能夠成功運輸牠們抵達螳螂、螽斯等目標，對鐵線蟲來說不啻是個節省能量的好方法。可是被其他生物吃下去，意味著要面對胃酸、腸液等消化系統的攻擊，鐵線蟲有沒有辦法存活呢？如果僥倖活下來，還有沒有能力轉移到昆蟲體內？實事求是的科學家又設計了一個實驗，他們找了一個有鐵線蟲的小池塘，從裡面撈出一些蝌蚪來扮演「司機」的角色。為什麼要找蝌蚪？鐵線蟲的卵通常沉於水底，有些蝌蚪也生活在水域的底層，通過刮食底部岩石上的藻類為食。因此科學家大膽假設：這些蝌蚪或多或少都吃進了鐵線蟲的卵。接著，他們將池中的蝌蚪拿來餵食龍蝨，數周後，發現有些龍蝨被鐵線蟲感染了 [12]。自此，部分科學家深信：鐵線蟲確實無法自行感染螳螂，但可以透過搭便車，間接達到目的。這個「司機」的角色，有個比較正式的名稱「中間寄主」。

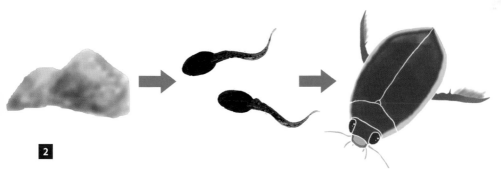

2

1　住在樹上的臺灣巨斧螳。
2　鐵線蟲被刮食水底岩石的蝌蚪吃掉後，蝌蚪再被龍蝨吃掉，鐵線蟲因而轉移到龍蝨體內。

幼時水棲、成年上岸的蜉蝣是傳播鐵線蟲的絕佳中間寄主。

　　但是這個說法依然存在破綻，水下生活的蝌蚪雖然有可能感染肉食性的水生昆蟲——龍蝨，不過不會潛水抓蝌蚪，所以誰才是中間寄主呢？這些寄主必須「能夠水裡來、也能陸上去」，才能把水中的鐵線蟲帶到陸上，因此蜉蝣、蜻蜓、蚊子等昆蟲便是完美的中間寄主候選，牠們小時候在水裡生活，長大離開水面到陸上，並且成蟲後都具備飛行能力，是「司機」的不二人選。

　　更加細緻的研究應運而生，科學家找了一些蜉蝣、家蚊、搖蚊作為實驗材料，將牠們的幼蟲放入裝有鐵線蟲幼蟲的水杯中數小時，等待牠們把鐵線蟲吃下肚，接著把這三種昆蟲當成飼料拿去餵螳螂，並觀察螳螂被寄生的情況。結果發現吃蜉蝣的那組螳螂，鐵線蟲寄生率竟然高達八成左右[45]！其次是吃家蚊的，最低的是吃搖蚊，只有一成多一些。他們也重複了前人的研究作為對照，找了幾隻螳螂直接餵食鐵線蟲幼蟲，而不透過中間寄主，最終寄生率也不高，僅有四分之一的螳螂被寄生，與前人的蟊斯實驗結果相仿。這個結果讓科學家吃下了定心丸，不僅確認昆蟲可以當作鐵線蟲進到螳螂身體之前的中間寄主，也進一步發現了中間寄主對於寄生成功率的重要性。

被感染的螳螂會口渴嗎？

自此，鐵線蟲生活史的輪廓已經有了初步雛型：卵或幼蟲被水生昆蟲吃掉，水生昆蟲上岸後再被螳螂吃掉，鐵線蟲轉移到螳螂的肚子裡發育，長大後的鐵線蟲誘導螳螂跳入水中，就像《鐵線蟲入侵》中不顧一切渴求水分的人們。不過，螳螂並非生活在水邊，亦不具游泳能力，萬一落水大概只能變成魚兒的盤中飧，若是平常連要喝個水都如此凶險，螳螂應該早就滅絕了吧？就我的飼養經驗，有些種類的螳螂可以一生都不需要特地給予水分，也能夠好好成長，例如野外常被鐵線蟲寄生的臺灣巨斧螳，可以從獵物身上獲得所需的水分。而且作為樹棲種類的臺灣巨斧螳，如果每次為了喝水都得大費周章爬下樹，冒著生命危險到河邊小啜一口，再戒慎恐懼地爬回樹上，顯然不太現實。因此，「口渴」應該是電影特殊的表現手法，而不是導致螳螂跳水的主因。而且在我的野外經驗中，即使餵被寄生的螳螂喝水，牠也不會喝得比正常的螳螂多。遑論那些住在樹上、草叢裡的螳螂，可能一輩子都沒有到溪邊玩水的經驗，甚至根本沒看過小河，要求牠們去找水源，就像是向井底之蛙詢問大海在哪裡。鐵線蟲究竟是怎麼命令螳螂去尋找水源、最後跳水的呢？

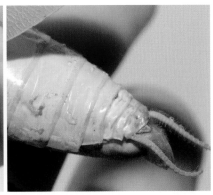

受感染的臺灣巨斧螳雌成蟲，當鐵線蟲要離開螳螂，此時螳螂的腹部末端肛門處會有異物突起。

螳螂捕食中間寄主，同時將鐵線蟲給吃下肚。

中間寄主羽化後離開水體，到陸地生活，也將鐵線蟲從水域帶往陸地。

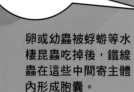

卵或幼蟲被蜉蝣等水棲昆蟲吃掉後，鐵線蟲在這些中間寄主體內形成胞囊。

鐵線蟲在螳螂肚子
裡發育，從胞囊慢
慢長大為成蟲。

鐵線蟲誘導螳螂離
開原本的棲息地，
到處亂晃直到遇到
水體。

鐵線蟲鑽出螳螂的身
體後進入水中，尋找
伴侶準備產卵。

鐵線蟲的卵孵
化成幼蟲。

被感染的螳螂怎麼找水？

　　首先要確定受感染的昆蟲有沒有能力找到水源。科學家從森林中抓了許多蟋蟀來測試，牠們與螳螂一樣都會被鐵線蟲寄生。他們先將蟋蟀用塑膠罐罩著，拿到距離游泳池二公尺處後將罐子揭開，觀察受感染的蟋蟀會不會明顯地奔向泳池，以及未被感染的蟋蟀會不會有不同反應。罐子揭開後，大部分未被感染的蟋蟀都在泳池周圍尋求掩蔽物躲藏，只有零星幾隻在泳池周圍徘徊，但並沒有躍入水中；受到感染的蟋蟀則有一半在 15 分鐘內就跳入泳池。看來被感染的昆蟲是有能力找尋水源的！

　　但光憑這個結果就下定論稍嫌倉促。因為實驗中的泳池距離蟋蟀僅僅只有二公尺，但在森林中可能相隔甚遠才會有河流，如果水源有 100 公尺遠，受感染的昆蟲還找得到嗎？如果可以，那一定是通過嗅覺。因為偵測氣味分子的觸角是昆蟲的長距離偵測工具，在茂密的森林中能比視覺發揮更大的作用。

　　為此，科學家規劃了另一個簡潔有力的實驗，他們設計了一個 Y 型管，在 Y 字的其中一個分岔放入裝水的水槽，在另一個分岔處只放水槽不放水，並於兩個分岔處架設小電風扇，把水氣吹向另一端，接著使正常蟋蟀和受感染的蟋蟀從此端進入管中，藉以檢測受感染的蟋蟀能不能聞出水的味道，進而走向裝水的分岔處。所有人都以為實驗結果會像游泳池實驗中明顯，卻發現比起沒有裝水的那端，走向有裝水水槽的受感染蟋蟀數量並沒有特別多，與正常的蟋蟀相比，也沒有明顯走向裝水水槽的趨勢，前往兩個分岔的數量各半，五五開的結果意味著，會走到水那端的應該只是運氣好。受感染的昆蟲應該無法透過聞水的氣味而找到水源。

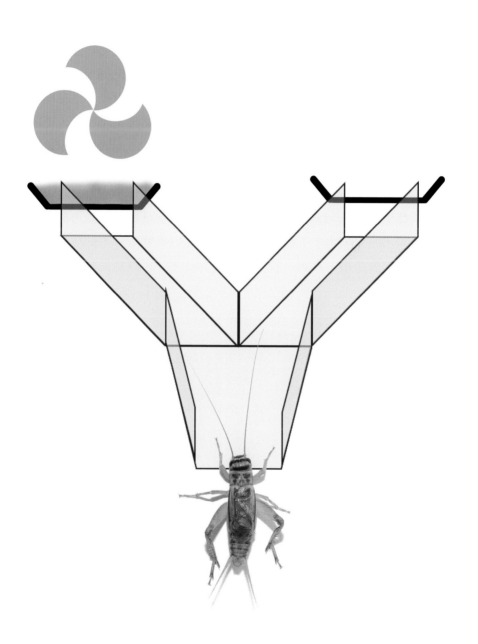

測試蟋蟀是否可以用嗅覺偵測水的 Y 型管實驗。

嗅覺不行，視覺總可以了吧？水面所反射的粼粼波光，或許是受感染昆蟲的視覺線索。科學家再次找來蟋蟀，用鏡子反射水面波光，並觀察蟋蟀對於水面反光的反應。結果正常的蟋蟀會避開反光，受感染的蟋蟀則絲毫不介意，反而會走在反光的區域中[85]。更有趣的是，鐵線蟲成蟲離開蟋蟀體內後，原本喜歡走在反光區域的蟋蟀，竟然會慢慢地恢復成像正常蟋蟀一樣，選擇避開反光。這個研究確認了：受到寄生的昆蟲能夠通過複眼尋找水面的反光，進而跳入水面。可是到這裡答案仍差臨門一腳，畢竟森林中遮蔽物眾多，水面的反光傳播距離有限，單憑一雙複眼如何達陣？

　　科學家將這兩項研究的結果彙整後推論：受感染的昆蟲可能無法用「聞」的來找水，不過鐵線蟲可以驅使昆蟲離開原本的棲息地，使牠們四處遊蕩，直到「看」見水面的反光，再控制倒楣的昆蟲縱身躍入水中。

1：2　柏油路是良好的偏振光反射源。這兩隻在柏油路面上發現的臺灣巨斧螳雌成蟲，都已經遭鐵線蟲寄生。

3　在柏油路面上已經死亡多時的臺灣巨斧螳雄成蟲，腹中的鐵線蟲外露，可能是遭汽車輾斃。

不僅跳水，還會跳馬路？

　　這麼看來，鐵線蟲就像一個還沒完全掌握鋼彈的駕駛員，有些功能還不知道該怎麼使用，有時候甚至會開錯路。如果我們在接近中午時到山上去，例如台中谷關、台北木柵或宜蘭五峰旗，有可能會看到一些明明應該在樹上的螳螂卻跑到柏油路上來，甚至可以在路上看到被曬乾、或是被車子輾平的螳螂屍體。難道是鐵線蟲抓著螳螂的方向盤亂開一通，開錯地方了嗎？其實這種失誤可能不能怪駕駛員。波光粼粼的水面與凹凸不平的柏油路雖然在人類眼中截然不同，但在螳螂或其他昆蟲的眼中可能相似。許多水生昆蟲如蜉蝣和蜻蜓，會被水面所反射、水平方向的「偏振光」吸引[55]，牠們也透過找尋偏振光，來尋覓適合產卵的水體。很湊巧但也很不幸的是，瀝青柏油路面所反射的水平偏振光也會吸引這些昆蟲，有些人可能

3

在柏油路上看過「蜻蜓點水」[40]。歷史上著名的案例就在匈牙利首都布達佩斯附近的布喀什河（Bükkös patak）周圍，曾出現蜉蝣大規模交配並在柏油路上產卵，最後死在柏油路上[54]。而受感染的螳螂也會被這種水平偏振光吸引[79]，錯把柏油路當成水面一躍而下。

不過，螳螂體內沒有操作按鈕，鐵線蟲甚至沒有手可以按，那牠們到底是透過什麼方式操控螳螂去跳水呢？首先必定得控制神經系統，才能夠指揮螳螂尋找水源和移動。但鐵線蟲與螳螂是兩種差異非常大的生物，鐵線蟲甚至不是昆蟲，要如何將自己的神經系統與螳螂的連接，並且對螳螂下達指令呢？我的學長臺大昆蟲系的邱名鍾老師參與的研究團隊發現：鐵線蟲有可能在很久以前「偷取」了螳螂的基因！透過這些基因製造相似於昆蟲自己產生的蛋白質，再藉由這些蛋白質去操控螳螂。對於鐵線蟲來說，直接參考現成材料做出來的東西最有效。牠們可能偷了大約 1400 組基因，目前在自然界中，偷得那麼徹底的生物非常罕見。

這些被偷來的基因可能跟三件事情有關：其一是胺的合成，胺是一種常見的神經傳導物質，控制胺相當於掌握了發號施令的大權；其二是趨光性，未受感染螳螂不會沒事接近水源，但受感染的螳螂卻變得像蜉蝣、蜻蜓一樣會受偏振光所吸引，其偏好完全翻轉；其三是生物節律，作為一種守株待兔型的掠食者，大多數螳螂在正午最炎熱的時候不太會到處走動，受感染的螳螂卻會在靠近中午時分四處走動，如此一來可以讓螳螂在陽光充足時，去找尋水面所發出的偏振光，以提高找到水源的成功率。因此在接近中午時，也是受感染的螳螂最躁動不安、跳水頻率最高的時間點[79]，這些數據也呼應了我到野外拍攝相關影片、採集樣本的時間點。如果你也想一睹螳螂跳水的奇景，不妨在七八月的早上到山上走一走，或許也能看到螳螂跳水、跳柏油路的自然奇觀呢！

1　發現鐵線蟲時的周
　遭棲地樣貌。
2　於夜間發現在水邊
　的臺灣巨斧螳，其
　身上的鐵線蟲很
　有可能已經離開。
　（邱名鍾 攝）

第 **10** 問

螳螂像蟑螂？

不同地方的人對於螳螂的第一印象不盡相同。在西方文化裡，螳螂總是與宗教、神祕有關。美國人叫牠「praying mantis」，字面意思是祈禱的螳螂；法國人叫牠「mante religieuse」，直譯是宗教的螳螂；葡萄牙人叫牠「louva-a-deus」，意思是向神祈禱。而在我們的文化中，講到「螳」字，大多數人第一個聯想到的不外乎是「螳臂當車」、「螳螂捕蟬」。有趣的是，不論在哪種文化中，大家似乎都會聚焦在牠的前足上——一雙合攏收起地像「手」一樣的前足，以及「手」上滿滿的尖刺。這雙特別的「手」，伸能捕捉獵物，屈則像個虔誠的教徒，配合昂揚挺立的身姿，可說是最具人類形象的昆蟲。

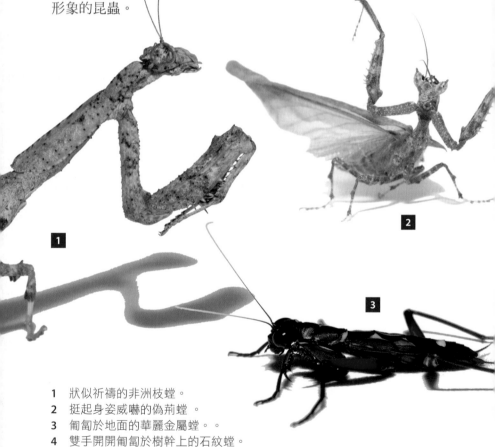

1　狀似祈禱的非洲枝螳。
2　挺起身姿威嚇的偽荊螳。
3　匍匐於地面的華麗金屬螳。。
4　雙手開開匍匐於樹幹上的石紋螳。

然而，並不是所有的螳螂都這麼「虔誠」！有些螳螂的姿態與親戚們大相逕庭，例如石紋螳和金屬螳等。牠們生來雙手開開，可能只有捕食獵物時才會虔誠地收起雙手；也不常挺直腰桿站立，匍匐於地才是牠們最舒服的習慣動作。其他螳螂身上帥氣的擬人氣息，在這些不虔誠的螳螂身上可說是蕩然無存。此外，牠們的移動模式也與我們傳統認知中的螳螂相去甚遠，平貼接觸表面的低姿態，搭配修長的中後足，看起來像極了另一種不太受歡迎的「螂」！

螳螂？蟑螂？

螳螂怎麼會看起來像蟑螂？或者應該說：螳螂怎麼可能像蟑螂？一邊是最接近人類姿態的帥氣昆蟲；一邊是人人喊打的底層昆蟲。兩者之間怎麼會有關聯？事實上，牠們之間的關係相當曲折離奇。作為一名螳螂愛好者，同時也懼怕美洲蟑螂的昆蟲人，我一開始在情感上實在無法接受，這兩種天差地遠的昆蟲竟然關係匪淺。現在就讓我帶著大家一步一步梳理兩「螂」之間的故事。

4

螳螂是從蟑螂演化而來的？

其實所有現生的螳螂和蟑螂[註1]的親緣關係相當接近，在當今的昆蟲分類系統中，牠們一同被歸類在「網翅總目」（Dictyoptera）。網翅總目的昆蟲有幾個共通點：首先，前翅都較為堅硬、革質化，我們稱之為「翅覆」（tegmina），翅覆可以覆蓋並保護後翅，而後翅通常較為柔軟、膜質化，主要是用來飛行。

1　櫻桃紅蟑的革質化前翅與膜質化後翅。
2　噴點椎頭螳的革質化前翅與膜質化後翅。
3　寬腹斧螳的螵蛸。
4　大異巨腿螳的螵蛸。
5　櫻桃紅蟑的卵蛸。
6　魏氏奇葉螳的螵蛸。
7　綠大齒葉螳的螵蛸。

其次，牠們的卵不像蝴蝶或甲蟲是一顆一顆獨立的卵粒，而是用特殊構造的蛋白質[註2]將好幾顆卵粒打包在一起，形成所謂的「卵鞘」，一如刀鞘保護著刀，卵鞘也保護著卵粒免於風吹日曬雨淋。蟑螂的卵鞘通常看起來像一顆一顆紅豆，而螳螂的卵鞘又被稱為「螵蛸」，表面通常凹凸不平，看起來像硬化的泡沫[註3]。

註 1　此處所指的蟑螂包含白蟻，白蟻是一群吃木頭的群居性蟑螂[46]。
註 2　形成卵鞘的蛋白質由腹部第九節不對稱的副腺（accessory gland）所分泌[52]。
註 3　大多數白蟻在產卵時並不會生成卵鞘，除了少數比較「原始」的種類，如澳白蟻[27]。
　　　網翅總目中，脛跗間骨片唯獨不存在於白蟻身上。偉爵：這個註要標示在哪裡？

189

此外，比起其他昆蟲，蟑螂和螳螂的產卵管（ovipositor）顯得非常短，科學家推測短短的產卵管，可能是牠們能夠產下卵鞘的關鍵特徵之一[39]，畢竟長長的產卵管並不容易將卵包覆進卵鞘之中。

蟑螂和螳螂的中足、後足，位於腳末端的脛節和跗節之間，有一個特殊的構造「脛跗間骨片」（intertibiotarsal sclerite）[92；註4]，它可以為蟲體在步行過程中提高穩定性，在奔跑能力特別強的種類身上格外發達，例如沙漠螳。

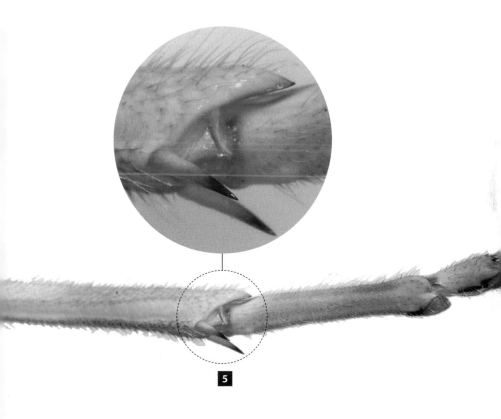

5

1　螳小蜂有著細長的針狀產卵管。
2　螳小蜂利用產卵管在枯葉大刀螳的螵蛸產卵。
3　蟋蟀的產卵管像刀鞘一樣兩面扁。
4　豹螳產卵，幾乎看不到任何明顯的產卵管。
5　雙盾螳的三角形脛跗間骨片。

註4　網翅總目中，脛跗間骨片唯獨不存在於白蟻身上。

「網翅總目」在 1970 年代後才較為被科學家所接受和使用，20 世紀初已有研究人員開始懷疑：螳螂和蟑螂之間可能存在著某種特別的關係[註5]。畢竟，除了上述三個特徵以外，牠們還有許多共通點。先從外部特徵來說牠們都有長而分節的絲狀觸角；都是咀嚼式口器，透過強壯的大顎來咬碎食物；六隻腳的跗節都是五節。

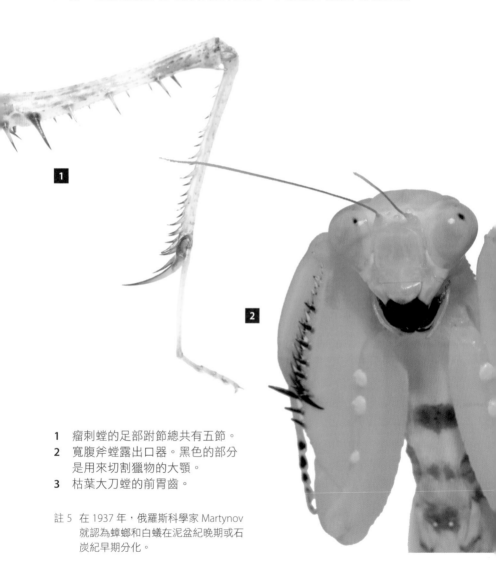

1　瘤刺螳的足部跗節總共有五節。
2　寬腹斧螳露出口器。黑色的部分是用來切割獵物的大顎。
3　枯葉大刀螳的前胃齒。

註5　在 1937 年，俄羅斯科學家 Martynov 就認為蟑螂和白蟻在泥盆紀晚期或石炭紀早期分化。

不僅外部，內部構造也有很多雷同之處，例如前胃都是錐狀的，前胃中都具有六或 12 顆「前胃齒」（proventiculus teeth）[49]，看起來就像在胃裡裝了絞肉機，這個構造可以幫助牠們把食物進一步分解成更小的碎片，讓養分更加容易吸收；昆蟲的頭部內有個構造叫幕狀骨（tentorium），用來支撐大腦和頭部的形狀，而蟑螂和螳螂的幕狀骨的中間都有穿孔，讓環食道神經束（circumoesophageal connectives）從中通過[56]。有些被認為較「原始」的螳螂，外觀上甚至與蟑螂較為相近，例如金屬螳、似螳和缺爪螳。擁有那麼多共通的特徵，難怪過去甚至有科學家認為：螳螂是從蟑螂演化而來的[66]！

　　咦？等等！為什麼科學家是懷疑螳螂從蟑螂演化來，而不是蟑螂從螳螂演化來的呀？

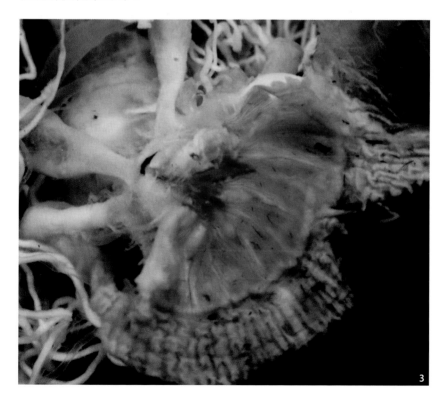

3

昆蟲世界的奇美拉——異形螂

　　究竟是螳螂先出現，還是蟑螂先出現？誰從誰演化而來？還是兩者都從某種昆蟲演化而來？想要釐清不同生物之間的關係，無非是透過比對兩者之間的內外部形態、生態行為，甚至是基因上的差異，而化石[註6]則是分析形態必不可少的重要材料，因此請容我先從化石說起。

　　在千禧年的前後，位於緬甸的胡康河谷持續產出了幾批化石，其中不乏大量的昆蟲，一顆琥珀化石包埋了一隻長相奇特的詭異史前昆蟲。它的身上混合了許多種類昆蟲的特徵，堪比遠古昆蟲世界的「奇美拉」或「四不像」，科學家將這塊詭異化石命名為 Alienopterus，Alien 有外星人之意，也是著名電影《異形》的英文名，我暫譯為「異形螂」[3]。

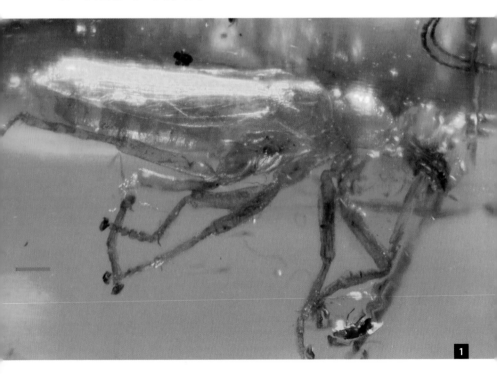

1

異形螳的頭部呈現倒三角形，頭上頂著兩根長度接近身體的觸角，頭部兩側有兩顆大大的複眼，身體呈長條狀，腹部末端有兩根分節明顯的尾毛，活脫脫是一隻長相奇特的古代蟑螂！但是，異形螳身上的特殊之處卻一再提醒我們：它絕對不可能是一隻蟑螂。

　　首先，異形螳的前翅像墊肩般極度短小，後翅卻又長又完整，看起來與蠼 和隱翅蟲的前後翅組合有幾分神似，有著善於飛行的後翅；此外，它們有著一種巨大且特化的爪間體（arolia），而這種特殊構造，目前除了異形螳只出現在一種現生的昆蟲——螳螂身上，這種特化的爪間體為螳螂提供了良好的攀爬能力 23，使牠們能夠上下顛倒懸掛於玻璃平面，因此我們可以推測：具備類似構造的異形螳應該也有優秀的攀爬能力。

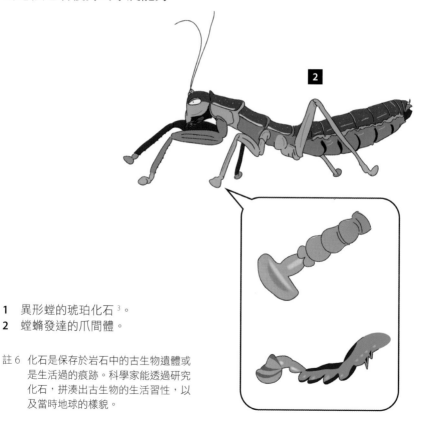

1　異形螳的琥珀化石 3。
2　螳螂發達的爪間體。

註 6　化石是保存於岩石中的古生物遺體或
　　　是生活過的痕跡。科學家能透過研究
　　　化石，拼湊出古生物的生活習性，以
　　　及當時地球的樣貌。

不僅如此，牠們兩隻前足的內側各配備著 45 根以上整齊、密集又堅硬的剛毛（setae），極可能是異形螂賴以為生的狩獵工具。科學家推測：剛毛功能可能類似於螳螂捕捉足上堅硬的尖刺（spine），當異形螂撲向獵物，前足上的剛毛可以像釘鞋上的釘子一樣提供摩擦力，幫助異形螂更有效地固定獵物。但比起螳螂鐮刀上的尖刺，異形螂的武器顯得落後又弱不禁風。

　　更特別的是，異形螂的前足腿節內側長了一搓奇怪的毛，明顯比剛毛細緻很多，也只長在這個位置。科學家推論：這搓毛應該是只有螳螂才有，也是所有螳螂的共通特徵——前足的洗臉毛。在「螳螂是什麼？」章節中提到，洗臉毛就是替代特化的前足構造來梳理、清潔頭部，也間接呼應了科學家對於剛毛功能的推測。畢竟，如果拿來打獵的硬梆梆剛毛可以負責清潔工作的話，就不需要洗臉毛了，就像螳螂不會拿鐮刀上的尖刺來清潔身體。總而言之，前足的剛毛和洗臉毛都暗示了異形螂作為捕食者的潛質。

　　等等！異形螂這如此奇葩的嵌合體怪物，也算是網翅總目的成員嗎？我們檢查一下上面提到的四個判斷標準：第一，它有翅覆，只是有點太小，勉強通過得分；第二，沒有同時發現異形螂的螵蛸化石，所以這部分無法檢驗；第三，它的產卵管與現生的網翅總目成員如出一轍，都是寬而短，得分；第四，它也擁有脛跗間骨片，得分。算了算總分，科學家非常有把握，異形螂應該被歸類於網翅總目。但由於長相過於特殊，難以分入螳螂或蟑螂，因此研究者將之獨立出來，稱為「異形螂目」（Alienoptera）。

　　看到這裡，或許有人開始這麼想：長得神似蟑螂，又有螳螂專屬特徵——洗臉毛的異形螂，莫非就是從蟑螂演化到螳螂的過程中，那個「遺失的環節」吧？先別太早下結論！光靠單一化石證據就想當鐵口直斷的半仙，是非常容易出紕漏的。幸運的是，與網翅總目有關的化石不只這一件，而且千奇百怪的程度絕對超越你的想像。或許看了下一顆化石後，反而會覺得蟑螂是從螳螂演化而來的呢！

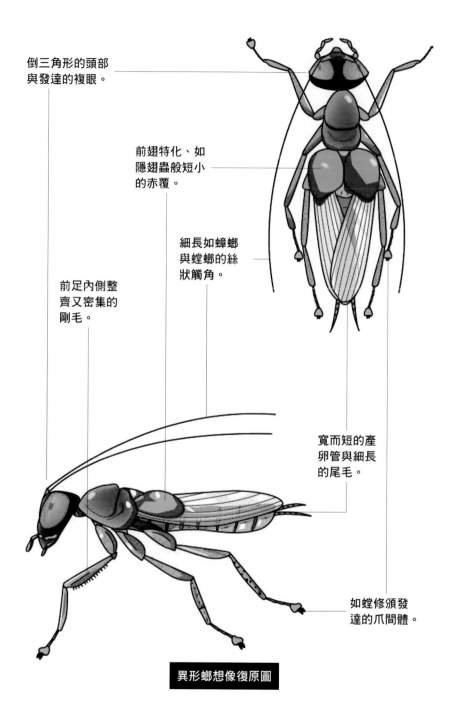

倒三角形的頭部
與發達的複眼。

前翅特化、如
隱翅蟲般短小
的赤覆。

細長如蟑螂
與螳螂的絲
狀觸角。

前足內側整
齊又密集的
剛毛。

寬而短的產
卵管與細長
的尾毛。

如螳螂般發
達的爪間體。

異形螂想像復原圖

吃肉的遠古蟑螂——古螂

　　科學家從巴西的白堊紀克拉圖地層中，挖出了一隻遠古昆蟲化石 [22]。它的全長大約有二公分，是一隻「看似蟑螂」，但實際上與我們所熟知、厭惡的蟑螂非常不同的生物。科學家稱這群「看似蟑螂」，但又與現在的蟑螂有些許不同的遠古昆蟲為 Roachoids [註7]，直接翻譯就是「長得像蟑螂」的生物，我們暫且稱牠為「古螂」。這隻古螂和現生的蟑螂到底有什麼不一樣呢？

　　首先，昆蟲的胸部上有個特殊的構造叫做「前胸背板」。在現生的蟑螂身上，前胸背板是一塊又大又硬的骨片，通常可以蓋掉整個頭部，所以現生的蟑螂各個都是「縮頭蟑螂」。反觀古螂，從正上方往下看，牠的前胸背板根本蓋不住呼之欲出的腦袋瓜。有趣的是，絕大多數螳螂的前胸背板也沒有蓋住頭部，因此在這個特徵上，古螂反而更像螳螂。

1

其次，現生蟑螂腳上的腿節與脛節都有許多尖刺，其中腿節會有四到五根排列方向相同的刺；脛節上的刺則數量較多，且會朝向多個方向，看起來較為分散，這讓蟑螂的脛節看起來儼然就是一根狼牙棒。反觀古螂，前足腿節上有六根刺，比現生蟑螂還多，但脛節只有三根，比現生蟑螂少。不過古螂脛節上的刺非常粗壯且排列整齊，同時刺的方向相當一致，這種排列方式與一般現生蟑螂的刺大相逕庭。

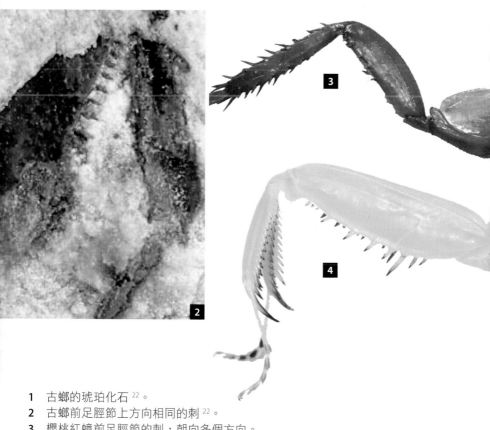

1　古螂的琥珀化石[22]。
2　古螂前足脛節上方向相同的刺[22]。
3　櫻桃紅蟑前足脛節的刺，朝向多個方向。
4　寬腹斧螳前足脛節的刺，方向單一。

註 7　Roachoid 是一種通稱，被稱為 Roachoid 的化石種類繁多，且並不是所有古螂都有捕捉足。而此處僅使用 *Raptoblatta* 作為古螂的代表性例子。

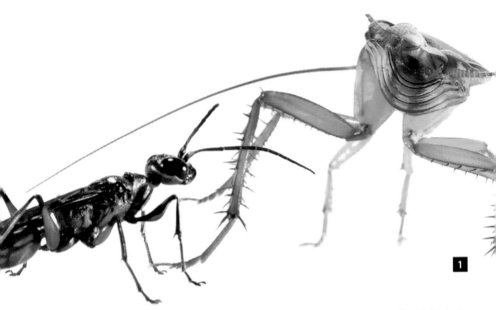

一般而言，蟑螂腳上的尖刺有幾種作用：第一，堅硬的刺配合有力的踢擊，是防禦天敵的利器，例如美洲蟑螂利用踢擊來防禦扁頭泥蜂 [19]；第二，在行經凹凸不平或是傾斜的平面時，尖刺可以提供摩擦力，讓牠越野如履平地 [90]；第三，在跗節斷掉時，尖刺能夠作為足部的延伸與地表接觸，並透過尖刺帶來的摩擦力，一定程度地讓斷肢恢復移動能力 [95]。然而，後兩種功能並不是腳上有刺就行。單一方向的刺無法在**翻滾騰挪**時，為身體提供穩定的支撐；多方向的刺才能應對移動時足部與地面之間不同的接觸角度，而古蟑整齊劃一的刺顯然不具備這兩項功能。這些刺到底是用來做什麼的呢？

1　美洲蟑螂用腳上的尖刺配合踢擊來防禦扁頭泥峰。（Credit: Vanderbilt University）

2　櫻桃紅蟑的前胸背板將頭部覆蓋。

3　古蟑的想像復原圖 [22]。

俗話說：「有得必有失，有捨才有得」。這句話不僅是人生的註腳，也呼應了自然界演化的規律。少了前胸背板的保護，換來的可能是更加靈活、旋轉自如的頭部，更容易觀察四周的風吹草動；整齊尖刺雖然無法在移動時提供摩擦力支撐，卻使古蟑多了一種一般蟑螂都不具備特殊能力——古蟑在進食時，透過前足腿節和脛節收攏，更有利於固定食物。通過對這些構造的分析，研究人員大膽猜測，遠在一億一千五百萬年前的白堊紀，古蟑應該是以獵捕其他生物為食的肉食性昆蟲。靈活的頭部幫助牠鎖定獵物，前足的尖刺在攻擊時搖身變為致命的牢籠，牢牢抓住受害者。科學家給這個外表凶狠的惡霸取了響亮的拉丁名字：*Raptoblatta*。*Rapto* 的意思是暴力的拖拽或是踩躪，*blatta* 的意思是避光的生物，也代表蟑螂。

是的你沒有看錯，「肉食性的遠古蟑螂」跟那些住在下水道，偶爾出來嚇嚇人的雜食性現代遠房表親不同，*Raptoblatta* 靈活的頭部與滿布尖刺的前足，不管在外觀還是這些構造所衍生的生活習性，*Raptoblatta* 都更像是一隻螳螂。

梳理一下時間線，像昆蟲界奇美拉的異形蟑與似蟑非蟑的肉食性古蟑，都存在於白堊紀時期。在這段時期，不只異形蟑和古蟑，許多網翅總目的成員都發展出了能夠捕捉獵物的前足[35]。而我們的螳螂究竟在哪個時代才登場呢？

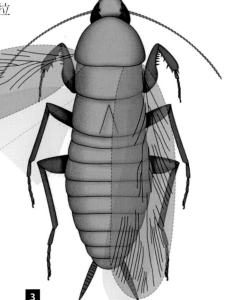

3

沒有爪子的遠古螳螂——聖塔螳

　　故事再次回到巴西的白堊紀克拉圖地層，這塊地層以其化石保存狀況良好而聞名[65]。在成千上百個昆蟲化石中，科學家發現了一塊非常稀有的遠古螳螂化石，並命名為「聖塔螳」（Santanmantis）[34]。這隻全長不滿二公分的嬌小昆蟲，雖然身上已有明顯的螳螂特徵，但有幾個特殊構造更像是蟑螂！

　　其一，身為螳螂，聖塔螳當然也有螳螂世界必備的捕捉足，但稍加觀察便會發現，它的捕捉足與現生大多數的螳螂有不少差異，甚至可以說不太標準。綜觀現今全世界所有的螳螂，前足脛節的最末端都有一根明顯比周遭的刺更長、更粗壯的構造，叫做「端爪」（tibial spur）註8。作為脛節上最大最粗的利器，在面對體型較大的獵物時，端爪能夠幫助螳螂更有效地固定住獵物。然而，聖塔螳的前足卻缺少了這根至關重要的端爪，或許這將導致它只能捕捉體型更為嬌小的獵物，其大小可能僅和它的捕捉足不相上下。而同樣來自克拉圖地層的古螂，它的前足脛節也不具備端爪。

1　寬腹斧螳的前足端爪。
2　聖塔螳的側面化石[116]。
3　聖塔螳的想像復原圖[116]。
4　聖塔螳的腹面化石，中足的刺相當明顯[38]。

註8　端爪曾經有多個英文名稱，如：apical spur、apical claw，端爪的「端」便是 apical 一詞翻譯而來。2017 年，被螳螂研究者們奉為圭臬的《螳螂形態、命名和實務指南》問世，書中建議將這個部位統一稱為 tibial spur，中文直譯應為「脛節爪」。但由於端爪一詞，自中國昆蟲學者王天齊所編撰的《中國螳螂目分類概要》一書中開始，已經從1993 年使用至今，故我決定使用行之有年的舊有中文翻譯。

其二，由於化石保存狀況不佳，聖塔螳的後足難以辨認，但中足的腿節和脛節上清楚可見至少六根整齊且具有關節的刺，而大多數現生螳螂的中後足都較為光滑，即使有刺，也多半是沒有關節、不可移動的刺。反觀蟑螂，遠古蟑螂和現生蟑螂不論是哪一隻腳，腿節和脛節上面都有密集且具有關節的刺。而聖塔螳中後足的刺在數量和密度上與一般的螳螂不太相像，反而比較像蟑螂那狼牙棒一般的刺刺腿。可是如此酷似蟑螂的帶刺中足，為什麼會出現在螳螂身上呢？

有些科學家曾懷疑：或許由於聖塔螳缺乏螳螂標準配備——端爪的高攻擊力加持，光靠前足捕食可能有些乏力，因此帶刺的中足就可以彌補缺少端爪的攻擊力不足，能夠在聖塔螳捕捉獵物時參與攻擊，增強對獵物的控制力 [38]。假如真是如此，那聖塔螳非常有可能是已知的螳螂中，唯一連中足都具有捕捉能力、並且運用四隻腳一起壓制獵物的螳螂。這將改寫人類對於螳螂利用捕捉足的理解。然而，這樣的推理有一個致命的漏洞：缺少端爪、中足上具有關節的刺並非聖塔螳的專利。

已知的現生螳螂之中，中南美洲的缺爪螳前足同樣缺乏端爪，中足的腿節和脛節上也有具關節的刺，但是缺爪螳的捕食方法與其他螳螂大同小異：利用捕捉足的腿節和脛節壓制獵物，再以強壯的大顎撕碎獵物。缺爪螳的構造與聖塔螳相似，卻依然使用一般螳螂捕捉獵物的方法，這讓聖塔螳的四刀流理論可信度大幅下降 [14]。

1 　缺爪螳的正面觀，前足缺乏強而有力的端爪。
2 　缺爪螳側面觀。

從蟑螂到螳螂

當我們比較古螂與聖塔螳的化石,「肉食性蟑螂」的理論提供了較有說服力的說法,來解釋古螂前足的尖刺為何會長得那麼像螳螂的捕捉足;但聖塔螳的中足上為什麼會出現具有關節的刺,就比較難從功能性的角度提供合理解釋。如果聖塔螳中足的刺並不參與獵食,那這些刺對它來說有什麼意義呢?科學家認為這些刺應該是聖塔螳繼承自祖先、但已經失去原本功能的痕跡器官 [14;註9]。

那聖塔螳的祖先是誰?要知道不管是現生的蟑螂還是古代的蟑螂,只要是蟑螂,牠的中後足必定可以找到具有關節的刺,這是所有現生蟑螂和古代蟑螂的共通特徵。而如此獨具蟑螂色彩的特徵竟然出現在一隻螳螂身上,不禁讓人懷疑:難道螳螂是從蟑螂演化來的嗎?

這種說法只對了一半,蜚蠊目(Blattodea)的成員,也就是狹義上能被稱為「蟑螂」的昆蟲,絕大多數化石的出土年代都不早於白堊紀,目前最早的蜚蠊目化石出土時間也僅落在侏儸紀和白堊紀的交界 [74],屬於中生代的昆蟲。但廣義上會被一般人稱為「蟑螂」的昆蟲,化石最早則可以追溯到石炭紀 [114],屬於古生代的昆蟲。為避免混淆,我將這群古生代的廣義蟑螂叫做「遠古螂」,以便與前文提到、身處中生代白堊紀的「古螂」區分。

遠古螂身上有著許多現生蟑螂身上的特徵,包含硬化的前翅翅覆及大塊板狀的前胸背板。可是牠們有一個非常關鍵的不同,遠古螂有大而外露的產卵管[註10],但不管是現生的蟑螂、螳螂還是白蟻,這三類網翅總目昆蟲的產卵管都是收在腹部裡面 [35]。

註 9 生物的構造在演化的時間長河中有可能會產生突變,有些對於生存而言不太必要的部位或器官可能會漸漸退化,失去原本的外觀或功能。例如蟒蛇的爪狀後肢,是從原本的後腳演化而來;人類那比起猿猴,極度縮小的尾椎骨,以及痛起來要人命的智齒和闌尾。

註 10 某些白堊紀的古螂也有長長的產卵管,例如 *Etoblattina mazona* Scudder, 1882。

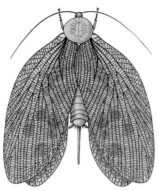

遠古螳復原圖 [35]

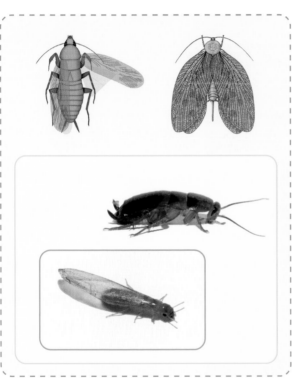

紅框：白蟻（等翅下目 Isoptera）。
黃框：狹義的蟑螂（Blattodea）。
綠框：螳螂（螳螂目 Mantodea），包含聖塔螳。
藍虛線框：廣義的蟑螂，包含中生代的古螳，以及古生代的遠古螳。
紫框：異形螳目（Alienoptera）。
以上合稱為：網翅總目。

而最早的螳螂化石，目前認為出現在石炭紀晚期，大約 3 億 1000 萬年前 [10]，不過有少數科學家認為那塊化石應該是蟑螂而非螳螂 [33]。排除掉這塊有爭議的化石，科學家大致贊同：最古老的螳螂可以追溯到三疊紀到侏儸紀的交界，大約 2 億年前 [59]，而出土於 2 億 3000 萬年前的螳螂螵蛸化石 [18] 也為這個觀點提供了有力支持。因此螳螂的祖先肯定不會是身處白堊紀的古螂，而比較可能是從古生代的某一群遠古螂演化而來。不過奇怪的是，大部分的螳螂化石都集中於侏儸紀晚期到白堊紀，而許多肉食性的古螂也出現於這一時期，這又是為何呢？

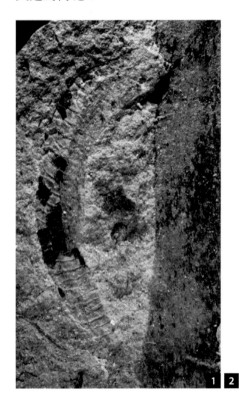

1 目前最早的螵蛸化石 [18]。
2 外型與圖 1 相似的麗眼斑螳螵蛸。

讓我們將時間往前推一些，大約在三疊紀時，當時的地表很可能被另外一種超大的肉食性昆蟲所支配，它們是現在螽斯的古老遠親——泰坦翅蟲，展翅寬度可達 40 公分 [83]。但在大約 2 億年前，約為三疊紀和侏儸紀的交界時，地球可能發生了一次大規模的生物滅絕 [102]，曾經非常興盛的泰坦翅蟲也在侏儸紀之後的地層中消失了。有些科學家認為，這個滅絕事件讓地表上生態系統大洗牌，少了泰坦翅蟲，一眾肉食性古蜱和螳螂便有了出頭天機會，並且開枝散葉分化出許多種類 [32]。

　故事至此，想必大家已經對螳螂和蟑螂之間緊密交織的命運有所了解，在經過上億年的演化後，兩者走上了截然不同的命運。螳螂擬人的形象受到中西不同程度的關注，但蟑螂不管在何處幾乎都與過街老鼠無異。然而相差如此之大的兩種昆蟲，名字中竟然都有「蜋」字，讓我不禁懷疑，難道是有哪位聰慧的古人在察覺了螳螂、蟑螂之間千絲萬縷的關係後，為後人在名字當中留下蛛絲馬跡！

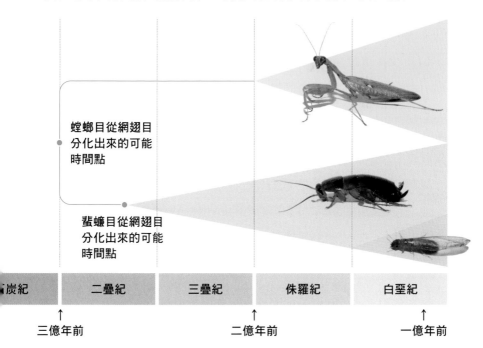

螳螂目從網翅目分化出來的可能時間點

蜚蠊目從網翅目分化出來的可能時間點

石炭紀	二疊紀	三疊紀	侏羅紀	白堊紀

↑ 三億年前　　　　　　　　↑ 二億年前　　　　　　　　↑ 一億年前

致謝

　　本書得以完成，首先得感謝一位熱血狂人，他既非昆蟲背景出身，也非生物相關科系，甚至只有國中畢業。但他寫過無數本生物科普書，開設過無數次講座課程，更在臺灣生態圈有一席之地，他便是催生本書的最大功臣：「傑哥」黃仕傑。

　　「距離《螳螂的私密生活》出版已經幾年了？該輪到你寫點東西了，就寫螳螂的十個迷思好了！」2020年底，在傑哥的鼓勵下，我開始以影片記錄各式螳螂，也將所學系統性轉化為文字。

　　雖然螳螂是我碩士時的研究主題，這趟寫作旅程卻沒有想像中順利，中途數次失去寫作的動力和靈感，在躊躇滿志與消沉抑鬱之間反覆。但傑哥總能適時給予積極的鼓勵，即使是在進度幾乎為零，拖稿將近一年，依然沒有放棄我。

　　「你的螳螂十問到底是問到哪裡去了啦？有沒有在寫？」

　　「傑哥，我卡住了，江郎才盡了，不知道該怎麼寫。」

　　「沒關係先做些別的事，有靈感時再抓緊時間寫。」

　　不只是言語上的鼓勵，傑哥也為晚輩引薦演講，教我們出野外帶團，爭取各種賺取生活費的機會。即使在他可以退休的年紀，依然上山下海馬不停蹄地探索，四處奔走為岌岌可危的生態請命，他的所作所為，就是為後輩樹立典範，一再鼓舞著我。本書終於在三年多的擱擱寫寫中完成，感謝傑哥一路情義相挺，義薄雲天。

　　感謝大律師兼社工師的戴羽晨，在本書撰寫初期和我相互勉勵，並在2021年疫情期間我無課可上，寅吃卯糧之時，介紹了信義基金會的疫情解方比賽，讓我有機會獲得信義之星的榮譽與獎金。也謝謝信義基金會評審的賞識，讓我度過最嚴峻的時刻。

　　感謝 Roberto Battiston 於2017年時的亞馬遜雨林之旅，堅持己見並帶領我和另一位夥伴走出密林回到營區，讓我們不至於因為迷路而受困，導致永遠失去完成此書的機會。

感謝臺大昆蟲系的楊恩誠老師和邱名鍾老師，分別審訂第七章和第九章，使本書的內容更為完善與正確。感謝許至廷協助修訂第十章的錯誤之處。

感謝大學與研究所時期的恩師蕭旭峰老師，於我在學期間提供經費與空間，使我得以鑽研螳螂的知識。

感謝 César Favacho、Isabel Dittmann、James O'Hanlon、Roberto Battiston、Tom Vaughan、王遠騰、吳志典、林宗信、林翰羽、玩甲蟲生態館、邱名鍾、施圓通、俞豪、黃仕傑、劉班、劉興哲、蔡經甫、賴保成、謝蘱提供精美的圖片和照片。

感謝 Antonio A. Agudelo R、Paulo Henrique 協助鑑定南美洲的螳螂。

感謝卜慶鐀、孫宇岡、梁兆宏、郭博駿、游雅芳、俞豪、黃仕傑、魯裕晟、蘇慶霖提供螳螂以供拍攝。

感謝林翰羽、邱名鍾、德和休閒農園的蔡宗諺提供場地協助拍攝。

感謝俞豪一手包辦繪製可愛的示意圖，使本書的難度大幅降低，更加平易近人。

感謝彰化縣草港國小，提供我一個可以安心上班的環境，以及下班安心寫作的薪水。

感謝總編辜雅穗，縱容我即使拖延出版時間也放手交給我排版，且大幅刪去冗言贅字，為本書的文句通順做出優秀貢獻。

感謝生生滅滅數十寒暑的蟲群，在我求真求美的路途中獻上生命。

最後感謝父親林繼東與母親劉淑雯在螳螂之路上給予的各種經濟、精神層面的支援。在我腦汁耗盡時提供美味的食物，使我省去覓食的大量時間與金錢。雙親的支持使我得以完成這本自己非常喜歡的書。

若您對於螳螂的相關知識有所疑問，可以在臉書搜尋：偉J老師林偉爵。或來信：alan58701@gmail.com

參考文獻

1. Anderson, A. M. (1977). Shape perception in the honey bee. *Animal Behaviour*, 25, 67-79

2. Amador, L. I., Simmons, N. B., & Giannini, N. P. (2019). Aerodynamic reconstruction of the primitive fossil bat *Onychonycteris finneyi* (Mammalia: Chiroptera). *Biology Letters*, 15(3), 20180857.

3. Bai, M., Beutel, R. G., Klass, K. D., Zhang, W., Yang, X., & Wipfler, B. (2016). †Alienoptera—a new insect order in the roach–mantodean twilight zone. *Gondwana Research*, 39, 317-326.

4. Ball, E. E., & Cowan, A. N. (1978). Ultrastructural study of the development of the auditory tympana in the cricket *Teleogryllus commodus* (Walker). *Development*, 46(1), 75-87.

5. Ball, E. E., & Hill, K. G. (1978). Functional development of the auditory system of the cricket, *Teleogryllus commodus*. *Journal of comparative physiology*, 127, 131-138.

6. Barnor, J. L. (1972). Studies on Colour Dimorphism in Praying Mantids (Doctoral dissertation, University of Ghana).

7. Barry, K. L., Holwell, G. I., & Herberstein, M. E. (2009). Male mating behaviour reduces the risk of sexual cannibalism in an Australian praying mantid. *Journal of Ethology*, 27(3), 377-383.

8. Barry, K. L. (2015). Sexual deception in a cannibalistic mating system? Testing the Femme Fatale hypothesis. *Proceedings of the Royal Society B: Biological Sciences*, 282(1800), 20141428.

9. Battiston, R., & Fontana, P. (2010). Colour change and habitat preferences in *Mantis religiosa. Bulletin of Insectology* 63 (1): 85-89, 2010

10. Bethoux, O., & Wieland, F. (2009). Evidence for Carboniferous origin of the order Mantodea (Insecta: Dictyoptera) gained from forewing morphology. *Zoological Journal of the Linnean Society*, 156(1), 79-113.

11. Birkhead, T. R., Lee, K. E., Young, P. (1988). Sexual cannibalism in the praying mantis *Hierodula membranacea. Behaviour*, 106(1-2), 112-118.

12. Blunk, H. (1922). Die Lebensgeschichte der im Gelbrand schmarotzenden Saitenwürmer I. *Zool Anz*, 54, 110-132.

13. Brannoch, S. K., Wieland, F., Rivera, J., Klass, K. D., Béthoux, O., & Svenson, G. J. (2017). Manual of praying mantis morphology, nomenclature, and practices (Insecta, Mantodea). *ZooKeys*, 696: 1–100.

14. Brannoch, S. K., & Svenson, G. J. (2017). Response to "An exceptionally preserved 110 million years old praying mantis provides new insights into the predatory behaviour of early mantodeans". *PeerJ*, 5, e4046.

15. Briscoe, A. D., & Chittka, L. (2001). The evolution of color vision in insects. *Annual review of entomology*, 46(1), 471-510.

16. Brown, W. D., Muntz, G. A., Ladowski, A. J. (2012). Low mate encounter rate increases male risk taking in a sexually cannibalistic praying mantis. *PLoS One*, 7(4), e35377.

17. Cator, L. J., Arthur, B. J., Harrington, L. C., & Hoy, R. R. (2009). Harmonic convergence in the love songs of the dengue vector mosquito. *Science*, 323(5917), 1077-1079.

18. Cariglino, B., Lara, M. B., & Zavattieri, A. M. (2020). Earliest record of fossil insect oothecae confirms the presence of crown-dictyopteran taxa in the Late Triassic. *Systematic Entomology*, 45(4), 935-947.

19. Catania, K. C. (2018). How not to be turned into a zombie. *Brain, Behavior and Evolution*, 92(1-2), 32-46.

20. Chittka, L., & Raine, N. E. (2006). Recognition of flowers by pollinators. *Current opinion in plant biology*, 9(4), 428-435.

21. Di Cesnola, A. P. (1904). Preliminary note on the protective value of colour in *Mantis religiosa*. *Biometrika*, 3(1), 58-59.

22. Dittmann, I. L., Hörnig, M. K., Haug, J. T., & Haug, C. A. R. O. L. I. N. (2015). *Raptoblatta waddingtonae* n. gen. et n. sp.—an Early Cretaceous roach-like insect with a mantodean-type raptorial foreleg. *Palaeodiversity*, 8, 103-111.

23. Eberhard, M. J., Pass, G., Picker, M. D., Beutel, R., Predel, R., & Gorb, S. N. (2009). Structure and function of the arolium of Mantophasmatodea (Insecta). *Journal of Morphology*, 270(10), 1247-1261.

24. Edmunds, M. (1972). Defensive behaviour in Ghanaian praying mantids. *Zoological journal of the Linnean Society*, 51(1), 1-32.

25. Edmunds, M. (1974). Defence in animals: a survey of anti-predator defences. Longman Publishing Group.

26. Endler, J. A., & MIELKE JR, P. W. 2005. Comparing entire colour patterns as birds see them. *Biological Journal of the Linnean Society*, 86(4), 405-431.

27. Evangelista, D. A., Wipfler, B., Béthoux, O., Donath, A., Fujita, M., Kohli, M. K., Legendre, F., Liu, S., Machida, R., Miso, B., Peters, R. S., Podsiadlowski, L., Rust, J., Schuette, K., Tollenaar, W., Ware, J. L., Wappler, T., Zhou, Xin., Meusemann, K., & Simon, S. (2019). An integrative phylogenomic approach illuminates the evolutionary history of cockroaches and termites (Blattodea). *Proceedings of the Royal Society B*, 286(1895), 20182076.

28. Flanigan, W. F. (1972). Behavioral states and electroencephalograms of reptiles. The sleeping brain. Perspectives in the brain sciences, Los Angeles: Brain Information Service/Brain Research Institute, UCLA, 14-18.

29. Giurfa, M., Eichmann, B., & Menzel, R. (1996). Symmetry perception in an insect. *Nature*, 382(6590), 458-461.

30. Goepfert, M. C., & Hennig, R. M. (2016). Hearing in insects. *Annual review of entomology*, 61, 257-276.

31. González-Martín-Moro, J., Gómez-Sanz, F., Sales-Sanz, A., Huguet-Baudin, E., & Murube-del-Castillo, J. (2014). Pupil shape in the animal kingdom: from the pseudopupil to the vertical pupil. *Archivos de la Sociedad Española de Oftalmología (English Edition)*, 89(12), 484-494.

32. Gorochov, A. V. (2006). New and little known orthopteroid insects (Polyneoptera) from fossil resins: Communication 1. *Paleontological Journal*, 40, 646-654.

33. Gorochov, A. V. (2013). No evidence for Paleozoic origin of mantises (Dictyoptera: Mantina). *Zoosystematica Rossica*, 22(1), 6-14.

34. Grimaldi, D. (2003). A revision of Cretaceous mantises and their relationships, including new taxa (Insecta: Dictyoptera: Mantodea). *American Museum Novitates*, 2003(3412), 1-47.

35. Grimaldi, D., & Engel, M. S. (2005). Evolution of the Insects. Cambridge University Press.

36. Hendricks, J. C., Finn, S. M., Panckeri, K. A., Chavkin, J., Williams, J. A., Sehgal, A., & Pack, A. I. (2000). Rest in *Drosophila* is a sleep-like state. *Neuron*, 25(1), 129-138.

37. Hickling, R., & Brown, R. L. (2000). Analysis of acoustic communication by ants. *The Journal of the Acoustical Society of America*, 108(4), 1920-1929.

38. Hörnig, M. K., Haug, J. T., & Haug, C. (2017). An exceptionally preserved 110 million years old praying mantis provides new insights into the predatory behaviour of early mantodeans. *PeerJ*, 5, e3605.

39. Hornig, M. K., Haug, C., Schneider, J. W., & Haug, J. T. (2018). Evolution of reproductive strategies in dictyopteran insects-clues from ovipositor morphology of extinct roachoids. *Acta Palaeontologica Polonica*, 63(1).

40. Horváth, G., Bernáth, B., & Molnár, G. (1998). Dragonflies find crude oil visually more attractive than water: multiple-choice experiments on dragonfly polarotaxis. *Naturwissenschaften*, 85, 292-297.

41. Hoy, R. R., & Robert, D. (1996). Tympanal hearing in insects. *Annual review of entomology*, 41(1), 433-450.

42. Huber, F. (1955). Sitz und Bedeutung nervöser Zentren für Instinkthandlungen beim Männchen von Gryllus campestris L. *Zeitschrift für Tierpsychologie*, 12(1), 12-48.

43. Hurd, L. E. (1999). Ecology of praying mantids. The praying mantids. Johns Hopkins University Press, Baltimore, MD, 43-60.

44. Ille, L. A., McGown, T., & Mitchell, H. A. (2014). Visual acuity comparison in developmental stages of the praying mantis (*Tenodera sinensis*). https://wuir.washburn.edu/bitstream/handle/10425/60/27.pdf?sequence=1&isAllowed=y

45. Inoue, I. (1962). Studies on the life history of *Chordodes japonensis*, a species of Gordiacea. III. The mode of infection. *Annotations Zoologicae Japonensis*, 35(1), 12-19.

46. Inward, D., Beccaloni, G., & Eggleton, P. (2007). Death of an order: a comprehensive molecular phylogenetic study confirms that termites are eusocial cockroaches. *Biology letters*, 3(3), 331-335.

47. Iwasaki, T. (1991). Predatory behavior of the praying mantis, *Tenodera aridifolia* II. Combined effect of prey size and predator size on the prey recognition. *Journal of Ethology*, 9(2), 77–81. doi:10.1007/bf02350211

48. Jayaweera, A., Rathnayake, D. N., Davis, K. S., & Barry, K. L. (2015). The risk of sexual cannibalism and its effect on male approach and mating behaviour in a praying mantid. *Animal Behaviour*, 110, 113-119.

49. Judd, W. W. (1948). A comparative study of the proventriculus of orthopteroid insects with reference to its use in taxonomy. *Canadian Journal of Research*, 26(2), 93-161.

50.   Kaiser W, Steiner-Kaiser J. (1983). Neuronal correlates of sleep, wakefulness and arousal in a diurnal insect. *Nature* 301:707–9

51.   Kaiser, W. (1988). Busy bees need rest, too. *Journal of Comparative physiology A*, 163(5), 565-584.

52.   Klass, K. D. (1998). The ovipositor of Dictyoptera (Insecta): homology and ground-plan of the main elements. *Zoologischer Anzeiger*, 236(2-3), 69-101.

53.   Klein, B. A. (2010). Sleeping in a society: social aspects of sleep within colonies of honey bees (*Apis mellifera*) (Doctoral dissertation).

54.   Kriska, G., Horváth, G., & Andrikovics, S. (1998). Why do mayflies lay their eggs en masse on dry asphalt roads? Water-imitating polarized light reflected from asphalt attracts Ephemeroptera. *Journal of Experimental Biology*, 201(15), 2273-2286.

55.   Kriska, G., Bernath, B., Farkas, R., & Horvath, G. (2009). Degrees of polarization of reflected light eliciting polarotaxis in dragonflies (Odonata), mayflies (Ephemeroptera) and tabanid flies (Tabanidae). *Journal of Insect Physiology*, 55(12), 1167-1173.

56.   Kristensen, N. P. (1975). The phylogeny of hexapod "orders". A critical review of recent accounts. *Journal of Zoological Systematics and Evolutionary Research*, 13(1), 1-44.

57.   Labhart, T., & Nilsson, D. E. (1995). The dorsal eye of the dragonfly Sympetrum: specializations for prey detection against the blue sky. *Journal of comparative physiology A*, 176, 437-453.

58.   Lawrence, S. E. (1992). Sexual cannibalism in the praying mantid, *Mantis religiosa*: a field study. *Animal Behaviour*, 43(4), 569-583.

59.   Legendre, F., Nel, A., Svenson, G. J., Robillard, T., Pellens, R., & Grandcolas, P. (2015). Phylogeny of Dictyoptera: dating the origin of cockroaches, praying mantises and termites with molecular data and controlled fossil evidence. *Plos one*, 10(7), e0130127.

60.   Leidy, J. (1850). Notes on the development of *Gordius aquaticus*. *Proceedings of the Academy of Natural Sciences of Philadelphia*, 5, 98-100.

61.   LEIDY, J. (1851). On some American fresh-water Bryozoa. *Proceedings of the Academy of Natural Sciences of Philadelphia*, 5, 320-322.

62.   Lelito, J. P., & Brown, W. D. (2006). Complicity or conflict over sexual cannibalism? Male risk taking in the praying mantis *Tenodera aridifolia sinensis*. *The American Naturalist*, 168(2), 263-269.

63.   Liske, E., & Davis, W. J. (1987). Courtship and mating behaviour of the Chinese praying mantis, *Tenodera aridifolia sinensis*. *Animal Behaviour*, 35(5), 1524-1537.

64.   Ma, Y., Zhang, L. P., Lin, Y. J., Yu, D. N., Storey, K. B., & Zhang, J. Y. (2023). Phylogenetic relationships and divergence dating of Mantodea using mitochondrial phylogenomics. *Systematic Entomology*, 1-14. Available from: https://doi.org/10.1111/syen.12596

65.   Martill, D. M., Bechly, G., & Loveridge, R. F. (2007). The Crato fossil beds of Brazil: window into an ancient world. Cambridge University Press.

66.   Martynov, A. B. (1937). Wings of termites and phylogeny of Isoptera and of allied groups of insects. *A l'akademian NV Nassonov. Moscow*, 83-180.

67.   Matsura, T., & Inoue, T. (1999). The ecology and foraging strategy of *Tenodera*

angustipennis. The praying mantids. Johns Hopkins Press, Baltimore, MD, 61-68.

68. Maxwell, M. R. (2000). Does a single meal affect female reproductive output in the sexually cannibalistic praying mantid *Iris oratoria*?. *Ecological Entomology*, 25(1), 54-62.

69. Maxwell, M. R., Gallego, K. M., & Barry, K. L. (2010). Effects of female feeding regime in a sexually cannibalistic mantid: fecundity, cannibalism, and male response in *Stagmomantis limbata* (Mantodea). *Ecological Entomology*, 35(6), 775-787.

70. Maxwell, M. R., Barry, K. L., & Johns, P. M. (2010). Examinations of female pheromone use in two praying mantids, *Stagmomantis limbata* and *Tenodera aridifolia sinensis* (Mantodea: Mantidae). *Annals of the Entomological Society of America*, 103(1), 120-127.

71. May, H. G. (1917). Contributions to the life histories of *Gordius robustus* (Leidy) and *Paragordius varius* (Leidy). University of Illinois at Urbana-Champaign ProQuest Dissertations Publishing. Retrieved from https://www.proquest.com/dissertations-theses/contributions-life-histories-em-gordius-robustus/docview/2827016583/se-2

72. McDaniel, I. N., & Horsfall, W. R. (1957). Induced copulation of aedine mosquitoes. *Science*, 125(3251), 745-745.

73. Menzel, R., & Backhaus, W. (1991). Colour vision in insects. *Vision and visual dysfunction*, 6, 262-293.

74. Misof, B., Liu, S., Meusemann, K., Peters, R.S., Donath, A., Mayer, C., Frandsen, P.B., Ware, J., Flouri, T., Beutel, R.G., Niehuis, O., Petersen, M., IzquierdoCarrasco, F., Wappler, T., Rust, J., Aberer, A.J.,Aspock, U., Aspock, H., Bartel, D., Blanke, A., Berger, S., Bohm, A., Buckley, T.R., Calcott, B., Chen, J., Friedrich, F., Fukui, M., Fujita, M., Greve, C., Grobe, P., Gu, S., Huang, Y., Jermiin, L.S., Kawahara, A.Y., Krogmann, L., Kubiak, M., Lanfear, R., Letsch, H., Li, Y., Li, Z., Li, J., Lu, H., Machida, R., Mashimo, Y., Kapli, P., McKenna, D.D., Meng, G., Nakagaki, Y., Navarrete-Heredia, J.L., Ott, M., Ou, Y., Pass, G., Podsiadlowski, L., Pohl, H., von Reumont, B.M., Schutte, K., Sekiya, K., Shimizu, S., Slipinski, A., Stamatakis, A., Song, W., Su, X., Szucsich, N.U., Tan, M., Tan, X., Tang, M., Tang, J., Timelthaler, G., Tomizuka, S., Trautwein, M., Tong, X., Uchifune, T., Walzl, M.G., Wiegmann, B.M., Wilbrandt, J., Wipfler, B., Wong, T.K., Wu, Q., Wu, G., Xie, Y., Yang, S., Yang, Q., Yeates, D.K., Yoshizawa, K., Zhang, Q., Zhang, R., Zhang, W., Zhang, Y., Zhao, J., Zhou, C., Zhou, L., Ziesmann, T., Zou, S., Li, Y., Xu, X., Zhang, Y., Yang, H., Wang, J., Wang, J., Kjer, K.M. and Zhou, X. (2014). Phylogenomics resolves the timing and pattern of insect evolution. *Science*, 346(6210), 763-767. doi:10.1126/science.1257570

75. Mizuno, T., Yamaguchi, S., Yamamoto, I., Yamaoka, R., & Akino, T. (2014). "Double-Trick" Visual and Chemical Mimicry by the Juvenile Orchid Mantis *Hymenopus coronatus* used in Predation of the Oriental Honeybee *Apis cerana*. *Zoological science*, 31(12), 795-801.

76. Moir, H. M., Jackson, J. C., & Windmill, J. F. (2013). Extremely high frequency sensitivity in a 'simple'ear. *Biology Letters*, 9(4), 20130241.

77. Nadrowski, B., Effertz, T., Senthilan, P. R., & Göpfert, M. C. (2011). Antennal hearing in insects–new findings, new questions. *Hearing research*, 273(1-2), 7-13.

78. Nyffeler, M., Maxwell, M. R. & Remsen, J. V. (2017). Bird predation by praying mantises: A global perspective. *The Wilson Journal of Ornithology*, 129(2), 331–344. doi: 10.1676/16-100.1

79.   Obayashi, N., Iwatani, Y., Sakura, M., Tamotsu, S., Chiu, M. C., & Sato, T. (2021). Enhanced polarotaxis can explain water-entry behaviour of mantids infected with nematomorph parasites. *Current Biology*, 31(12), R777-R778.

80.   O'hanlon, J. C., Li, D., & Norma-Rashid, Y. (2013). Coloration and morphology of the orchid mantis *Hymenopus coronatus* (Mantodea: Hymenopodidae). *Journal of Orthoptera Research*, 22(1), 35-44.

81.   O'Hanlon, J. C., Holwell, G. I., & Herberstein, M. E. (2014). Predatory pollinator deception: Does the orchid mantis resemble a model species?. *Current Zoology*, 60(1), 90-103.

82.   O'Hanlon, J. C. (2014). The Roles of Colour and Shape in Pollinator Deception in the Orchid Mantis *Hymenopus coronatus*. *Ethology*, 120(7), 652-661.

83.   Park, T. Y. S., Kim, D. Y., Nam, G. S., & Lee, M. (2022). A new titanopteran Magnatitan jongheoni n. gen. n. sp. from southwestern Korean Peninsula. *Journal of Paleontology*, 96(5), 1111-1118.

84.   Pasteur, G. (1982). A classificatory review of mimicry systems. *Annual Review of Ecology and Systematics*, 13(1), 169-199.

85.   Ponton, F., Otálora-Luna, F., Lefevre, T., Guerin, P. M., Lebarbenchon, C., Duneau, D., Biron, D.G., & Thomas, F. (2011). Water-seeking behavior in worm-infected crickets and reversibility of parasitic manipulation. *Behavioral Ecology*, 22(2), 392-400.

86.   Prete, F. R., Theis, R., Komito, J. L., Dominguez, J., Dominguez, S., Svenson, G., Wieland. (2012). Visual stimuli that elicit visual tracking, approaching and striking behavior from an unusual praying mantis, *Euchomenella macrops* (Insecta: Mantodea). *Journal of Insect Physiology*, 58, 648-659. doi:10.1016/j.jinsphys.2012.01.018

87.   Rivera, J., & Svenson, G. J. (2016). The Neotropical 'polymorphic earless praying mantises'– Part I: molecular phylogeny and revised higher-level systematics (Insecta: Mantodea, Acanthopoidea). *Systematic Entomology*, 41(3), 607-649.

88.   Robinson, M. H., & Robinson, B. (1979). By dawn's early light: matutinal mating and sex attractants in a neotropical mantid. *Science*, 205(4408), 825-827.

89.   Roeder, K. D. (1935). An experimental analysis of the sexual behavior of the praying mantis (*Mantis religiosa* L.). *The Biological Bulletin*, 69(2), 203-220.

90.   Roth, L. M., & Willis, E. R. (1952). Tarsal structure and climbing ability of cockroaches. *Journal of Experimental Zoology*, 119(3), 483-517.

91.   Schirmer, A. E., Prete, F. R., Mantes, E. S., Urdiales, A. F., & Bogue, W. (2014). Circadian rhythms affect electroretinogram, compound eye color, striking behavior and locomotion of the praying mantis *Hierodula patellifera*. *Journal of Experimental Biology*, 217(21), 3853-3861.

92.   Schmidt, C., Barton, A., Klass, K. D., & Eulitz, U. (2009). The tibiotarsal articulation and intertibiotarsal leg sclerite in Dictyoptera (Insecta). *Insect systematics & evolution*, 40(4), 361-387.

93.   Shaw, P. J., Cirelli, C., Greenspan, R. J., & Tononi, G. (2000). Correlates of sleep and waking in *Drosophila melanogaster*. *Science*, 287(5459), 1834-1837.

94.   Simmons, N.B., Seymour, K.L., Habersetzer, J. & Gunnell, G.F. (2008) Primitive early Eocene

bat from Wyoming and the evolution of flight and echolocation. *Nature*, 451, 818–821.

95.   Spagna, J. C., Goldman, D. I., Lin, P. C., Koditschek, D. E., & Full, R. J. (2007). Distributed mechanical feedback in arthropods and robots simplifies control of rapid running on challenging terrain. *Bioinspiration & biomimetics*, 2(1), 9.

96.   Stavenga, D. G. (1979). Pseudopupils of compound eyes. *Comparative physiology and evolution of vision in invertebrates*, 357-439.

97.   Stavenga, D. G. (1989). Pigments in compound eyes. *In Facets of vision* (pp. 152-172). Berlin, Heidelberg: Springer Berlin Heidelberg.

98.   Stoddard, M. C. (2012). Mimicry and masquerade from the avian visual perspective. *Current Zoology*, 58(4), 630-648.

99.   Svenson, G. J., & Whiting, M. F. (2004). Phylogeny of Mantodea based on molecular data: evolution of a charismatic predator. *Systematic Entomology*, 29(3), 359-370.

100. Thomas, F., Schmidt-Rhaesa, A., Martin, G., Manu, C., Durand, P., & Renaud, F. (2002). Do hairworms (Nematomorpha) manipulate the water seeking behaviour of their terrestrial hosts?. *Journal of Evolutionary Biology*, 15(3), 356-361.

101. Triblehorn, J. D., Ghose, K., Bohn, K., Moss, C. F., & Yager, D. D. (2008). Free-flight encounters between praying mantids (*Parasphendale agrionina*) and bats (*Eptesicus fuscus*). *Journal of Experimental Biology*, 211(4), 555-562.

102. Ward, P. D., Haggart, J. W., Carter, E. S., Wilbur, D., Tipper, H. W., & Evans, T. (2001). Sudden productivity collapse associated with the Triassic-Jurassic boundary mass extinction. *Science*, 292(5519), 1148-1151.

103. Warren, B., Gibson, G., & Russell, I. J. (2009). Sex recognition through midflight mating duets in *Culex* mosquitoes is mediated by acoustic distortion. *Current Biology*, 19(6), 485-491.

104. Weintraub, J. (1961). Inducing mating and oviposition of the warble flies *Hypoderma bovis* (L.) and *H. lineatum* (De Vill.)(Diptera: Oestridae) in captivity. *The Canadian Entomologist*, 93(2), 149-156.

105. Weissman, D. B., Gray, D. A., Pham, H. T., Tijssen, P. (2012). Billions and billions sold: Pet-feeder crickets (Orthoptera: Gryllidae), commercial cricket farms, an epizootic densovirus, and government regulations make for a potential disaster. *Zootaxa*, 3504, 67-88.

106. Wignall, A. E., Heiling, A. M., Cheng, K., & Herberstein, M. E. (2006). Flower symmetry preferences in honeybees and their crab spider predators. *Ethology*, 112(5), 510-518.

107. Yager, D. D., & Hoy, R. R. (1989). Audition in the praying mantis, *Mantis religiosa* L.: identification of an interneuron mediating ultrasonic hearing. *Journal of Comparative Physiology A*, 165, 471-493.

108. Yager, D. D. (1990). Sexual dimorphism of auditory function and structure in praying mantises (Mantodea; Dictyoptera). *Journal of Zoology*, 221(4), 517-537.

109. Yager, D. D., May, M. L., & Fenton, M. B. (1990). Ultrasound-triggered, flight-gated evasive maneuvers in the praying mantis *Parasphendale agrionina* I. Free flight. *Journal of Experimental Biology*, 152(1), 17-39.

110. Yager, D. D. (1992). Ontogeny and phylogeny of the cyclopean mantis ear. *The Journal of*

the *Acoustical Society of America*, 92(4_Supplement), 2421-2421.

111. Yager, D. D. (1996). Nymphal development of the auditory system in the praying mantis *Hierodula membranacea Burmeister* (Dictyoptera, Mantidae). *Journal of Comparative Neurology*, 364(2), 199-210.

112. Yager, D. D. (1999). Structure, development, and evolution of insect auditory systems. *Microscopy research and technique*, 47(6), 380-400.

113. Yager, D. D., & Svenson, G. J. (2008). Patterns of praying mantis auditory system evolution based on morphological, molecular, neurophysiological, and behavioural data. *Biological Journal of the Linnean Society*, 94(3), 541-568.

114. Zhang, Z., Schneider, J. W., & Hong, Y. (2013). The most ancient roach (Blattodea): a new genus and species from the earliest Late Carboniferous (Namurian) of China, with a discussion of the phylomorphogeny of early blattids. *Journal of Systematic Palaeontology*, 11(1), 27-40.

115. 王天齐。1993。中国螳螂目分类概要。上海科学技术文献出版社。

116. Hörnig, M. K., Haug, J. T., & Haug, C. A. R. O. L. I. N. (2013). New details of *Santanmantis axelrodi* and the evolution of the mantodean morphotype. *Palaeodiversity*, 6, 157-168.

中英文學名暨索引對照表

所屬章節	俗名	學名	其他中文俗名
1,4	大頭金蠅	*Chrysomya megacephala*	麗蠅
1	遷粉蝶	*Catopsilia sp.*	黃粉蝶
1	十字盾鞭蠍	*Typopeltis crucifer*	
1	人面蜘蛛	*Nephila maculata*	
1	尖嘴尺蛾	*Apochima praeacutaria*	
1,2,3,6,7,8	蘭花螳	*Hymenopus coronatus*	
1,10	似螳	*Mantoida sp.*	
1,4,10	齒螳	*Odontomantis sp.*	
1	臺灣簡脈螳蛉	*Necyla formosana*	
1	斑節水螳螂	*Ranatra sp.*	
1	螳水蠅	*Ochthera sp.*	
1,6	圓胸葉螳	*Rhombodera basalis*	圓盾螳
1,4	名和異跳螳	*Amantis nawaii*	微翅跳螳
1,8	非洲芽翅螳	*Parasphendale agrionina*	
1	大穆氏螳	*Macromusonia sp.*	
1,2,7	大魔花螳	*Idolomantis diabolica*	
1,6	小魔花螳	*Blepharopsis mendica*	
1,4,6,8	幽靈螳	*Phyllocrania paradoxa*	
1	馬來巨腿螳	*Hestiasula sp.*	
1	海南角螳	*Haania sp.*	
1,4,7,10	瘤刺螳	*Heterochaeta orientalis*	貓眼螳
1,8,10	華麗金屬螳	*Metallyticus splendidus*	
1	赫氏箭螳	*Toxodera hauseri*	
1,2,4,6,7	角胸奇葉螳	*Phyllothelys cornutum*	
1	克氏盾背螳	*Rhombodera kirbyi*	克氏圓胸螳
1,8	寡螳	*Carrikerella sp.*	
1,6,7	豹螳	*Tarachodula pantherina*	
1,2,8	勾背枯葉螳	*Deroplatys desiccata*	
2	斧螳屬	*Hierodula sp.*	

所屬章節	俗名	學名	其他中文俗名
2,4,5,6	薄翅螳	*Mantis religiosa*	
2	大捲尾	*Dicrurus macrocercus*	
2	斑光螳	*Miomantis paykullii*	
2	廣緣螳屬	*Theopompa* sp.	
2	非洲綠巨螳	*Sphodromantis lineola*	
3	蜜蜂（中華蜜蜂）	*Apis cerana*	
4,5,6,7,10	寬腹斧螳	*Hierodula patellifera*	
4	麗長足虻	*Sciapodinae*	
4	黑尾大葉蟬	*Bothrogonia ferruginea*	
4	臺灣大蝗	*Chondracris rosea*	
4	草螽	*Conocephalus* sp.	
4	外斑腿蝗	*Xenocatantops* sp.	
4,6,10	麗眼斑螳	*Creobroter gemmatus*	
4	刀螳屬	*Tenodera* sp.	
4,10	櫻桃紅蟑	*Blatta lateralis*	
4	果蠅	*Drosophila* sp.	
4	麵包蟲	*Tenebrio molitor*	
4	紋白蝶	*Pieris rapae*	
4	劍角蝗	*Acrida* sp.	
4	黃斑黑蟋蟀	*Gryllus bimaculatus*	
4	家蟋蟀濃核病毒	*Acheta domesticus densovirus*	
4	蟋蟀屬	*Gryllus*	
4,8	長頸螳	*Euchomenella macrops*	
5	青條花蜂	*Amegilla calceifera*	
5	蜜蜂（歐洲蜜蜂）	*Apis mellifera*	
6,7	中華大刀螳	*Tenodera sinensis*	
6	日本姬螳	*Acromantis japonica*	
6,7,10	枯葉大刀螳	*Tenodera aridifolia*	
6	斑蚊	*Aedes* sp.	
6,8	菱背枯葉螳	*Deroplatys lobata*	
6	孔雀螳	*Pseudempusa pinnapavonis*	

所屬章節	俗名	學名	其他中文俗名
6,7	黃花螳	*Helvia cardinalis*	
6,9	臺灣巨斧螳	*Titanodula formosana*	
6	中印枝螳	*Ambivia* sp.	
6,8	刺花螳	*Pseudocreobotra wahlbergi*	
6	幽捷螳	*Epaphrodita* sp.	
6,8	東非拳擊螳	*Otomantis* sp.	
6	米托利螳	*Metilia* sp.	
6	綠大齒螳	*Odontomantis planiceps*	
7	姬針蟻	*Hypoponera punctatissima*	
7	枯葉螳屬	*Deroplatys* sp.	
7,10	金屬螳屬	*Metallyticus* sp.	
7	樹皮螳	*Theopompa ophthalmica*	
7,8	攀螳	*Liturgusa* sp.	
7,10	魏氏奇葉螳	*Phyllothelys werneri*	
7	大異巨腿螳	*Astyliasula major*	
7	薄翅蜻蜓	*Pantala flavescens*	
7	祕魯葉螳	*Pseudoxyops* sp.	
8	天使螳	*Angela* sp.	
8	祕魯龍螳	*Stenophylla lobivertex*	
8,10	偽荊螳	*Pseudacanthops* sp.	
8	渺螳	*Ameles heldreichi*	
8	澳洲寬腹斧螳	*Hierodula membranacea*	
8	巨腿螳屬	*Hestiasula* sp.	
8	長頸螳屬	*Euchomenella* sp.	
8	斑光螳屬	*Miomantis* sp.	
8	錐螳屬	*Empusa* sp.	
8	荊螳	*Acanthops* sp.	
8	芬氏爪蝠	*Onychonycteris finneyi*	
9	臺灣索鐵線蟲	*Chordodes formosanus*	
10	非洲枝螳	*Popa* sp.	
10	石紋螳	*Humbertiella* sp.	

所屬章節	俗名	學名	其他中文俗名
10	沙漠螳屬	*Eremiaphila* sp.	
10	澳白蟻屬	*Mastotermes*	
10	噴點椎頭螳	*Empusa guttula*	
10	巨腿螳屬	*Hestiasula* sp.	
10	雙盾螳	*Pnigomantis medioconstricta*	
10	缺爪螳	*Chaeteessa* sp.	
10	異形螂	*Alienopterus brachyelytrus*	
10	扁頭泥蜂	*Ampulex compressa*	
10	美洲蟑螂	*Periplaneta americana*	
10	古螂 （文中所指類群）	*Raptoblatta waddingtonae*	
10	聖塔螳	*Santanmantis axelrodi*	
10	遠古螂 （文中所指圖片）	*Manoblatta Archimylacrididae bertrandi*	
10	泰坦翅蟲	*Gigatitan* sp.	
10	螳小蜂	*Podagrion* sp.	

earth 028

偉 J 老師的螳螂生物課

從體色、擬態、食性、交配到生理機制，
10 個問題揭開鐮刀獵手的神祕面紗

作　　　者	林偉爵
責任編輯	辜雅穗
封面設計	mollychang.cagw.
內頁排版	葉若蒂 、林偉爵
印　　　刷	卡樂彩色製版印刷有限公司

發 行 人	何飛鵬
總 經 理	黃淑貞
總 編 輯	辜雅穗

出　　版	紅樹林出版 臺北市南港區昆陽街 16 號 4 樓
	電話 02-25007008
發　　行	英屬蓋曼群島商家庭傳媒股份有限公司城邦分公司
	客服專線：02-25007718
	香港發行所　城邦（香港）出版集團有限公司
	電話 852-25086231　Email hkcite@biznetvigator.com
	馬新發行所　城邦（馬新）出版集團 Cité(M)Sdn. Bhd.
	電話 603-90578822　Email cite@cite.com.my
經　　銷	聯合發行股份有限公司　電話：02-291780225

2024 年 3 月初版　定價 500 元　ISBN 978-626-98309-0-9
著作權所有，翻印必究 Printed in Taiwan

國家圖書館出版品預行編目 (CIP) 資料

偉 J 老師的螳螂生物課：從體色、擬態、食性、交配到生理機制，10 個問題揭
開鐮刀獵手的神祕面紗 / 林偉爵著 .-- 初版 .-- 臺北市：紅樹林出版：英屬蓋曼群
島商家庭傳媒股份有限公司城邦分公司發行 , 2024.03　224 面；14.8*21 公分 .--
(earth;28)
ISBN 978-626-98309-0-9(平裝)
1.CST: 螳螂　2.CST: 問題集
387.748　　　　　　　　　　　　　　　　　　　　　　　　　113000861